我的第一本趣味化学书

U0200979

我的第一本
趣味
化学书 第2版

田 梅◎编著

中国纺织出版社

内 容 提 要

在日常生活中，充满了各种令人感到神奇的化学现象。本书通过对这些化学现象的剖析，并结合了许多科学故事，向广大小读者们解释了其中蕴含的科学道理。

本书将带领小读者们进入看似神秘的化学世界，了解各种生动、有趣的化学知识。通过读这本书，小读者们可以成为让周围朋友羡慕的"小科学家"。

图书在版编目（CIP）数据

我的第一本趣味化学书 / 田梅编著. --2版. —北京：中国纺织出版社，2017.1 （2022.6重印）
ISBN 978-7-5180-1185-8

Ⅰ.①我… Ⅱ.①田… Ⅲ.①化学—青少年读物
Ⅳ.①06-49

中国版本图书馆CIP数据核字（2014）第252920号

责任编辑：胡 蓉　　特约编辑：高 琛　　责任印制：储志伟

中国纺织出版社出版发行
地址：北京市朝阳区百子湾东里A407号楼　邮政编码：100124
销售电话：010—67004422　传真：010—87155801
http://www.c-textilep.com
E-mail：faxing@c-textilep.com
中国纺织出版社天猫旗舰店
官方微博http://weibo.com/2119887771
三河市延风印装有限公司印刷　各地新华书店经销
2012年1月第1版　2017年1月第2版　2022年6月第3次印刷
开本：710×1000　1/16　印张：12.5
字数：114千字　定价：36.00元

凡购本书，如有缺页、倒页、脱页，由本社图书营销中心调换

前 言

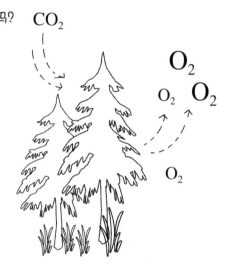

亲爱的小读者们：

你知道礼花为什么会是五颜六色的吗？

吃水果或喝点醋为什么能够解酒？

为什么霜打的青菜味道会更好？

为什么切洋葱的时候会流眼泪？

为什么熟的虾和蟹是红色的呢？

为什么炒菜用铁锅好？

为什么水壶中会结水垢？

为什么糖精不是糖？

酒是越放越酸，还是越放越香？

……

　　通过这本书，作者希望达到的目的，不是告诉小读者多少新的知识，而是要帮助小读者"认识事物"，也就是说，帮助小读者更深入地了解身边的一些现象。

　　为了达到这个目的，书里讨论了日常生活中的各种令人惊奇的化学现象，讲述了许多充满了趣味的科学故事，以及解释了这些看似简单的现象与故事中所蕴含的化学知识。

　　一位伟人曾说过，"科普作家应该引导读者去了解高深的道理和学说，他们从最简单的、众所周知的材料出发，用简单易懂的推论或恰当的例子来说明从这些材料得出的主要结论，启发肯动脑的读者不断地去思考更深一层的问题。通俗作家的对象不是那些不动脑的、不愿意或不善于动脑的读者，相反地，他们的对象是那些愿意动脑，但思维还不够开阔的读者。并且，帮助这些读者进行更深层次的思考，教会他们在通向知识高峰的道路上独立地前进"。

　　本书第1版得到了广大小读者的喜爱，第2版在保留第1版全部优点和特色的基础上，又对全书内容进一步完善，增加了一些配图，并对内文的版式进行了重新编排，使内容更鲜活生动；对一些句子进行了字斟句酌、反复推敲，使全书的可读性、易读性进一步提高。由衷希望，这本书可以激发读者们对化学知识的兴趣，引导他们更深入地去了解和利用化学知识，从而能够获得更美好的生活。

编著者

2016年1月

目录

第8章 ❤ **化学给人们生活带来的变化 / 167**

❤ **参考文献 / 189**

第1章 走进奇妙的化学世界

你知道礼花为什么是五颜六色的吗?

你知道如何清除那些讨厌的水垢吗?

你知道喝汽水为什么能解暑吗?

你知道切洋葱为什么会流眼泪吗?

你知道……

今天,带你走进奇妙的化学世界,去感受各种神奇的化学现象!

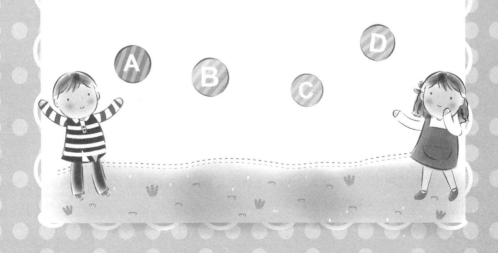

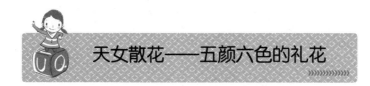

天女散花——五颜六色的礼花

　　除夕夜，爸爸、妈妈与奇奇一起来到人民广场看礼花。千百朵礼花绽放在漆黑的夜空中，光彩夺目、变化万千，似乎要将夜空照亮。

　　一个个在空中绽放的礼花让奇奇目不暇接，高兴得手舞足蹈。

　　爸爸看着身边兴高采烈的奇奇，问道："奇奇，你知道这些礼花为什么是五颜六色的吗？"

　　奇奇想了想，回答说："应该是制造烟花的师傅在里面加了不同的颜色吧？"

　　爸爸听后笑了，说："不是这样的。"

　　奇奇问："那是怎么回事呢？"

　　礼花最初来源于火药，而火药是我国古代四大发明之一。据史料记载，在隋唐之际，已经有了供娱乐用的焰火。焰火也叫烟火、烟花。隋炀帝曾以一句"灯树千光照，花焰七枝开"来形容焰火的炫丽。

　　其实，礼花和爆竹的原理大同小异，内部都是黑火药和药引。点燃烟花后，由于黑火药在短时间内所放出的能量没有足够的空间释放，故引发爆炸。礼花在爆炸的过程中所释放出来的能量，绝大部分转化成光能呈现在天空中。制作礼花的过程中，只要加入一些发光剂和发色剂，就能够使其放出五颜六色的光芒。

其中，发光剂是用化学性能活泼的金属制作的，如铝、镁、钛、锆等。这些金属的粉末在空中与氧化合，剧烈燃烧，温度可高达三千多度，因而能放出耀眼强光。至于那五颜六色的光芒，则全仗发色剂的功劳。

发色剂，其实就是一些普普通通的金属盐类。由于其本身特有的性质，金属盐类可以在高温下分解，而不同的金属蒸气在高温下会呈现不同的颜色，发出不同的彩色光芒。比如，锶燃烧会发出红色的光，故可以使用硝酸锶、碳酸锶、草酸锶等作为红色光的发色剂。同理，可以使用在燃烧时发出蓝色光、绿色光、紫色光的金属的氧化物来作为相应色光的发色剂。并且，在有了这些基本色后，自然不难配出各种人们想要的色彩来。

节日里所放的礼花需要飞得高、炸得开、效果好，因此在礼花弹中填充了大量用于发射与爆炸的火药。比如，国庆节时，燃放的礼花弹的直径约为20

厘米，这些礼花弹在发射后，要上升到约200米的空中才会爆炸，也才会放出五颜六色的星星点点，而这些星星点点覆盖的半径可以有80米左右。

由此可见，在观看礼花的时候，要尽量远离烟花，以防止被烫伤或者烧伤。

科学小链接

大家在看礼花的时候，即使礼花燃放后的残渣掉到地上，也不要去碰，因为其内部温度也可以达到约300℃，而人的皮肤是无法承受这么高的温度的。同时，在观看礼花的时候要尽量远离，并且要在安全的地方燃放烟花，周围不能有可燃性的物质，以防止火灾的发生。

超级清洁工——清除那些讨厌的水垢

最近，奇奇家太阳能热水器的水温相比以前有点低，爸爸打开一看，发现里面结了一层水垢。

奇奇不理解地问道："爸爸，水垢是什么？它是怎么出现的？"

爸爸回答说："水受热后，会从中沉淀出一种白色的化合物与其他杂质的混合物，而这就是水垢。"

水垢形成的原因与水质有关。水有硬水和软水的区别。其中，硬水是指含有钙、镁盐类等矿物质较多的水，河水、湖水、井水及泉水都是硬水。城市中经常饮用的自来水是河水、湖水或井水经过沉降、除杂、消毒后得到的，因此也是硬水。同样，软水是指含钙、镁盐类等矿物质较少的水，如刚下的雪，其融化后的水里所含的矿物质较少，是"软水"。

随着温度的升高，一部分水蒸发了，而本来难溶解的硫酸钙则沉淀下来。同时，原来溶解的碳酸氢钙和碳酸氢镁，在温度逐渐上升的水里分解，放出二氧化碳，生成不溶于水的碳酸钙（$CaCO_3$）和氢氧化镁[$Mg(OH)_2$]沉淀下来。这就是水垢的形成原因。

对于水垢而言，只要水温超过60℃，尤其在水质比较硬的北方，肯定会有水垢产生，因此在日常生活中，水壶、锅炉都会有水垢存在。

水垢的导热性很差，会导致受热面传热情况恶化，从而浪费燃料或电能。另外，如果水垢沉积于热水器或锅炉内壁，还会由于热胀冷缩和受力不均，极大地增加热水器和锅炉爆裂甚至爆炸的危险。

除此之外，水垢深积时，常会附着大量重金属离子。如果该容器用于盛装饮用水，就会有重金属离子过多溶于其中的危险。由此可见，水垢对人是有危害的。因此，在日常生活中，需要定期清除水垢。

清除水垢的方法通常是使用物理方法，如刮除法。但是，在太阳能热水器内部各桶器壁及管道之间附着的水垢，物理方法是无法清除的，必须采用化学

清除法来清除。

由于太阳能热水器内部器壁沉积的水垢，质地比较疏松，用化学清除法还是比较容易清除的。清除水垢所用的清洗剂最好选择酸性相对适中的食品酸，如白醋、柠檬酸等；其次可选用添加缓蚀剂的盐酸。这些酸液不会腐蚀太阳能热水器内桶中的铬、镍等金属。

其中，在采用白醋清除水垢时，白醋中的醋酸与碳酸钙在加热的条件下反应，生成醋酸钙，而醋酸钙可以溶于水。这样，水垢就可以清除了。

科学小链接

现在超市中有一种水垢清洁剂出售。其主要成分是羟基丙三酸，这种原料环保无毒，适合家庭使用。

解暑降温——汽水是首选

在一个炎热的夏日午后，奇奇和爸爸去体育场打网球。一场比赛下来，奇奇和爸爸浑身大汗。这时，妈妈带来了几瓶冰凉的汽水。奇奇一见到汽水，便迫不及待地打开其中的一瓶，仰起头"咕嘟咕嘟"地喝起来。

喝完之后，奇奇的肚子里就不断有气体涌出，随后便打了个响嗝，立刻感觉到凉爽极了。

等奇奇凉爽下来之后，妈妈问："奇奇，知道为什么喝完汽水之后会打嗝吗？"

奇奇摇摇头。

妈妈继续问："知道为什么喝完汽水之后会感到凉爽吗？"

奇奇还是摇摇头。

在炎热的夏季，汽水是很多人解暑降温的首选。在又热又渴的时候，打开瓶盖迫不及待地将汽水喝进肚子里。喝进肚中不久，便有气体涌出，使人不由自主地打个嗝，顿时感觉到清凉宜人。

那么，涌出来的是什么气体呢？这是二氧化碳气体。

汽水的主要原料为小苏打和柠檬酸。其中，小苏打在化学中称为碳酸氢钠。在通常情况下，小苏打与柠檬酸在水中一旦混合，就会发生化学反应，生成二氧化碳气体。因此，在制作汽水的时候，要将瓶子盖紧，使二氧化碳气体被迫待在水中，当瓶盖打开后，外面压力小，二氧化碳气体便从水中逸出，并在水中形成大量气泡。

人们喝汽水的过程中，溶解在汽水中的大量二氧化碳气体便随之进入人体。由于胃中温度高，来不及吸收二氧化碳气体，多余的二氧化碳气体既不

会被胃吸收，又不易溶解于水，因此只能从口腔排出，从而使人打嗝。由于在此过程中，人体内的一部分热量被二氧化碳气体带出，因此人就会感到非常清凉。

当然，在饮料工厂制作汽水时，二氧化碳气体并不是通过物质间的化学反应在汽水瓶中产生的。瓶中的二氧化碳气体是在强大压力下，直接溶入溶液中的。

明白了其中的道理之后，奇奇高兴地说："原来是这样子啊。"

科学小链接

在炎热的夏季，有人喜欢喝温度较低的饮料，但这样对身体是有害的。如果经常喝温度很低的汽水，那么就会刺激胃神经，从而引起胃部痉挛。因此在夏季，饮食尽量避免骤冷骤热，尤其是饭后不要喝冰镇汽水。

自然腐蚀——船员不能只有体力

意大利城市索伦托地处地中海沿岸，是一个海运发达的港口，无数的商船每年都会从这个港口向世界各地运送很多货物。

1996年，有两艘货船受雇承担了把一批精制铜板运送到日本的任务，并准备在索伦托港装好货物后出发。

第1章　走进奇妙的化学世界

　　由于任务的期限比较紧张，因此两艘货船同时装货。在装货的过程中，其中一艘叫宙斯号的货船上的一个船员在装货物的过程中，发现要运送的铜板与船体的钢板挤在了一起，仔细观察了一下船仓的环境后，他向船长建议采取措施将铜板与船体的钢板隔开，并讲述了理由。船长觉得有道理，就决定将铜板与船体的钢板隔开。为此，延误了半天的时间。

　　而另一艘叫无畏号的货船早已经装好铜板等候在那里，而船上的许多船员则嘲笑宙斯号上的船员，说他们偷懒。

　　两艘货船出发了，船上的青年船员无比兴奋，他们有的翻阅日本画报，有的则向老船员问个不休，都想更多地了解这个东方岛国的风土人情……

　　然而，无畏号在行驶了还不到四分之一的航程时，警报突然响了。船员们从梦中惊醒。他们发现，船舱中有好几处发生漏水，必须马上抢修。

　　奇怪的是，宙斯号的船体则完好无损。

　　无畏号的船员们费了九牛二虎之力，并在宙斯号的帮助下，才排除了险情，幸免沉没。

　　两条轮船的船龄都不算长，一艘安然无恙，而另一艘为什么会半路漏水呢？大家检查了发生漏水事故的那艘货船的船体，发现船壳外贴在吃水线下用来保护船体免受腐蚀的锌块并未脱落，照理不应在短短的几天时间内就蚀出了好几个漏洞。

　　莫非腐蚀发生在船舱内部？经大家进一步检查，发现腐蚀的确是在船舱内部发生的——是船员们在装铜板时，没有把铜板与船体钢板隔开而导致的。

　　原来，铜板与船体的钢板一同泡在残留在船底的海水里，构成了一个"铁—铜"原电池。

　　在这个原电池中，铜板和钢铁船体构成了正极和负极。并且，潮湿的环境与摇荡的海水都使原电池的反应变得更加剧烈，加速了与铜板接触的钢铁船壳被腐蚀。

　　然而，宙斯号上的一个船员及早发现并排除了隐患。虽然，这样耽误了半天的时间，但是却防患于未然，避免了后来的大损失。

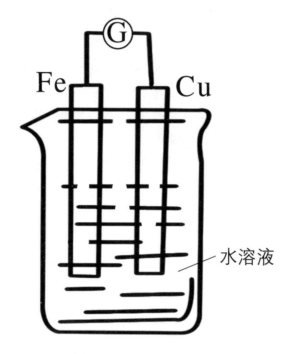

铁铜原电池

后来，宙斯号的船长重重奖励了那个船员，并让他担任了自己的副手。

由此可见，船员不能只靠体力去干活，而要在业余时间多学习些化学知识，这是非常有必要的。

科学小链接

"铁—铜"原电池的原理是，在回路中，铁失去电子，水溶液中的氢离子或铜离子得到电子，定向的电子移动就形成了电流，因此产生了供电效果，形成了原电池。

火上浇油——铁屑烧毁了铁货船

奇奇放学回到家，便问爸爸："爸爸，今天自然老师告诉我们，说铁也能够燃烧，是这样吗？"

爸爸回答说："是的。铁是能够燃烧的，它不但能在纯氧环境中燃烧，而且还能在空气中燃烧，有时甚至还会发生自燃。"

奇奇觉得不可思议，问："铁怎能够燃烧呢？"

铁的元素符号是Fe，它是柔韧而有延展性的银白色金属，并且是日常生活中较为常用的一种金属。然而，大家见到的金属铁都是黑色的，这是因为大家所见到的实际上是铁的氧化物。

铁在地壳中的含量非常丰富。同时，它是可以燃烧的，并且在适宜的条件下，甚至可以自燃。几十年前，在日本曾经发生过这样一件事情。

1968年元月的一天，在日本大阪市的一个工厂码头，一艘装载有400吨铁屑的货船突然发生自燃着火。和普通的物质着火不同，铁屑着火看不到明火，但是靠近船体，就能感觉到有强烈的热量散发出来。另外，在船舱内，如果用遮光保护眼镜则能够看到铁屑的白热状态。

船长非常着急，立刻从海中抽水灌往船舱，试图去扑灭铁屑的自燃。然而，这时却听到了爆炸声。

船长急忙停止往船舱灌水，决定把铁屑全部浸沉在水中。

　　然而，当铁屑卸货后在地面上铺开时，又开始燃烧起来，并引起了更大的火灾。

　　船舱里的铁屑为什么能够发生如此激烈的自燃反应呢？

　　原来，这是海水、水蒸气及氧气共同作用的结果。铁与水反应会放出大量的热量，铁与氧气反应也会放出大量的热。同时，海水中的氯化物又不断破坏铁表面的氧化膜，使反应迅速不断地进行并放热，密闭在船舱中的铁屑在达到一定的温度之后终于自燃起来，燃烧反应也越发升级。当达到了一定程度之后，甚至会发生爆炸。

　　奇奇听完这一切之后，担心地说："那我们平时接触到那么多的铁，会不会也发生燃烧呢？"

　　爸爸笑着回答说："不会的。铁自燃只发生在特定的环境下。虽然，我们平时接触到的铁也与氧气进行着反应，但是反应速度比较慢，甚至让人都觉察不出来，而反应放出的热量也就微乎其微了。"

　　铁屑在一定的条件下，会发现自燃现象。由此可见，在做任何工作时，都应掌握一些化学常识，以及时地检查并排除自燃事故的隐患，防患于未然。

科学小链接

铁在干燥空气中很难跟氧气反应，但在潮湿空气中就很容易发生腐蚀，若在酸性气体中腐蚀更快。因此，为减缓铁氧化的速度，需要将其存放在干燥的环境中。

我不想流泪——切洋葱为什么会流眼泪

奇奇在客厅里看电视，爸爸妈妈在厨房里做饭。这时，妈妈从厨房里走出来。奇奇抬头一看，妈妈一脸泪水，奇奇赶紧跑过去，问："妈妈，你怎么了？"

这个时候，爸爸也从厨房里面走出来，说："洋葱熏的。"

奇奇感到不可思议，问："洋葱怎么能把人熏哭呢？"

在日常生活中，很多家庭主妇都有这样的经历，即切洋葱时会禁不住地流下眼泪，这是为什么呢？

洋葱，原产于西亚地区，早在3000多年前就被人们发现。由于洋葱对生长条件要求很低，因此它的足迹很快遍及世界各地。今天，它已经成为市场上常见的蔬菜了。

切洋葱的时候，之所以会流眼泪，和洋葱中含有的一种具有强烈刺激性的物质——正丙硫醇是分不开的。

正丙硫醇是一种无色或淡黄色的液体，微溶于醇和醚，具有刺激性气味。可作为有机合成原料，在工业中主要用作农药杀虫剂的中间体。

在切洋葱或碾碎洋葱组织的过程中会释放出大量的蒜苷酶。这种酶和洋葱中含硫的蒜氨酸发生反应之后，蒜氨酸转化成次磺酸。次磺酸分子重新排列后形成可以引起流泪的化学物质——合丙烷硫醛和硫氧化物。

蒜苷酶被释放大约30秒以后，合丙烷硫醛和硫氧化物的形成达到了高峰，并在大约3分钟后完成其化学变化。

人的神经末梢能够发现角膜接触到的合丙烷硫醛和硫氧化物并引起睫状神经的活动，中枢神经系统将其解释为一种灼烧的感觉，而且此种化合物的浓度越高，灼烧感也越强烈。这种神经活动通过反射的方式刺激自主神经纤维，自主神经纤维又将信号带回眼睛，命令泪腺分泌泪液将刺激性物质冲走。

因此，在切洋葱的过程中，其中的正丙硫醇就挥发到空气中，如果"溜"到人的眼里，就会刺激泪分泌腺，使人流泪。

明白了这个道理之后，奇奇说："那以后家里只要吃洋葱，妈妈就得遭罪了。"

爸爸说："其实，这是完全可以避免的。在切洋葱时，在盆内放些水，再把砧板放在水里切，这样正丙硫醇就能部分溶于水，从而减小对人眼的刺激。"

科学小链接

在炒辣椒的时候，辣椒碱和高温中的油接触后，会让人流眼泪、流涕、咳嗽，解决的办法是避免在油温过高时炒辣椒。这样不但不会呛人，还不会破坏辣椒里的营养成分。

霜打过的青菜味道会变甜

>>>>>>>>>>>

妈妈从菜市场买回了一捆看起来非常难看的青菜。

奇奇见到之后，问："妈妈怎么买回来一捆这么难看的青菜啊？是不是菜市场的青菜都卖完了？"

妈妈摇摇头。

奇奇看了看这些青菜，说："那你为什么要买这么难看的青菜呢？"

妈妈回答说："这些青菜是被霜打过的，味道会非常好。"

奇奇的妈妈说得对吗？被霜打过的青菜，味道会不会更好呢？

在日常生活中，大家经常食用的青菜里含有纤维素。众所周知，纤维素本身没有甜味，而且不容易溶于水。但被霜打过后，青菜里的纤维素在植株内纤维素酶的作用下，通过水解转化成麦芽糖，又经过麦芽糖酶的作用，最终转化成葡萄糖。由于葡萄糖本身的性质决定了其能够很容易溶解在青菜的细胞液中，因此青菜也就有了甜味。

那么，为什么这种情况一般出现在霜降节气之后呢？

这是因为霜降节气之后，天气较为寒冷，青菜生长缓慢。这时，由于青菜植株内的纤维素变成葡萄糖并溶解于细胞液。然而，细胞液中一旦有了糖分，就可以使青菜的细胞不容易被破坏，而青菜也就不容易被霜打坏。

由此可知，被霜打过的青菜会变甜，是其自身适应自然环境、防止被冻死的生物进化结果。

科学小链接

在霜降节气之后，如菠菜、白菜、萝卜等蔬菜吃起来的味道也比较甜美。

夜半鬼火——闷热天气下会导致白磷自燃

一天，住在乡下的爷爷到城里来看奇奇。刚见到奇奇，爷爷就把自己昨天见到的一件离奇的事说给奇奇听。

爷爷说："昨天夜里阎罗王到村子里去了，牛头马面提了两个大灯笼，现在大家都人心惶惶的。"

奇奇急忙问："这是怎么回事？"

爷爷说："昨天晚上，我刚吃完饭，就听见有人喊。随后，我在村后面看到两个大火团，并发出绿色的火光，忽隐忽现。村里很多人都说这是阎罗王要来村里收人了。"

奇奇想了想后，便对爷爷说："爷爷，您不要害怕。那并不是鬼火，而是一种很正常的自然现象。"

爷爷听后却不相信，说："那就是鬼火，而且还会追着人跑。"

奇奇知道直接对爷爷说出真相，爷爷可能不相信，便转而使用了另外一种方法。

奇奇问："爷爷，鬼火是不是出现在坟墓之间？"

爷爷点了点头。

奇奇又问："昨天村里肯定是阴天，而且肯定很闷热吧？"

爷爷听后感到很惊奇，说："你怎么知道的？你昨天没在乡下啊？"

奇奇接下来才将事情的真相告诉了爷爷。

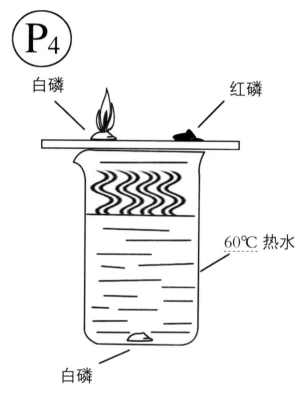

白磷

红磷

60℃ 热水

白磷

　　其实，"鬼火"就是"磷火"，通常会在阴雨的天气里出现在墓地，是一种很正常的自然现象。人体内部，除绝大部分是由碳、氢、氧三种元素组成外，还含有磷、硫、铁等元素。而且，人体的骨骼里含有较多的磷化钙。人死后，躯体在地下腐烂，发生着各种化学反应。磷元素由磷酸根状态转化为磷化氢，而磷化氢是一种可燃气体，燃点很低，在常温下与氧气接触便会燃烧起来。磷化氢气体产生之后从地下的裂缝或孔洞冒出，在空气中燃烧并发出绿色的光，这就是磷火，即迷信说法中的"鬼火"。

　　"鬼火"之所以多见于盛夏之夜，这是因为盛夏天气炎热，温度较高，化学反应速度较快，磷化氢易于形成。又由于生成的磷化氢的着火点非常低，常温下遇氧气即可自燃。因此，磷化氢的化学性质不稳定，温度较高时暴露在空气中就会着火，于是就产生"鬼火"的现象。

另外，"鬼火"还会追着人"走动"，这是因为在夜间，特别是没有风的时候，空气一般是静止不动的。由于磷火很轻，因此如果有风或人经过时，带动空气流动，磷火就会跟着空气一起飘动，甚至会伴随人的步子；当人停下来时，由于没有任何力量来带动空气，所以空气也就停止不动了，"鬼火"自然也就停下来了。

爷爷听了奇奇的解释后，高兴地说："奇奇，你懂的知识可真多！"

 科学小链接

最常见的磷有白磷和红磷两种，它们都是由磷原子构成的。白磷着火点只有40℃，颜色为黄色，剧毒；而红磷着火点却高达260℃，颜色为赤红色，毒性强。但"鬼火"是由磷化氢自燃形成的。

解酒——多吃些水果或喝点醋

爸爸出去应酬喝多了酒，回到家里之后，走路都摇摇晃晃的，妈妈赶紧让奇奇去多洗一点水果。奇奇给爸爸洗了几个苹果和几个梨，心想：这些应该够爸爸吃的了。

奇奇将洗好的水果端给爸爸，妈妈却说："这些水果还不足以解爸爸的酒，你去外面的超市再买一些回来。"

奇奇问："买些什么水果呢？"

妈妈回答说："买些杨桃、杨梅、草莓，如果有西瓜的话，再买些西瓜。"

奇奇从超市买回这些水果之后，妈妈赶紧让躺在沙发上的爸爸吃。

此时的爸爸，面颊发热、发红，头晕且站立不稳。

奇奇好奇地问："妈妈，是不是只要喝醉了，就能吃到好吃的水果？"

妈妈笑了笑，说："不是，这些水果是给你爸爸解酒的。"

在日常生活中，喝醉的人通常都会吃一些带酸味的水果或喝一些食醋，这是为什么呢？

其实，吃水果或喝醋都是为了解酒。

水果里含有机酸，例如，苹果里含有苹果酸，柑橘里含有柠檬酸，葡萄里含有酒石酸等。而酒里的主要成分是乙醇。有机酸能与乙醇相互作用，生成酯类物质，从而达到解酒的目的。

同样的道理，食醋里含有约5%的乙酸，乙酸能跟乙醇发生反应生成乙酸乙酯。但是，乙酸乙酯容易扩散，不持久。

在现实生活中，能够解酒的水果还有很多。比如，西瓜具有利尿的作用，可加速酒精从尿液中排出，从而减少酒精被人体吸收；另外，西瓜还具有清热祛火的作用，可降低全身温度。香蕉也是解酒水果之一，但需要在喝酒之前吃，才能发挥其解酒的效果。

但是，由于水果解酒会受到许多因素的影响，效果不会特别理想。因此，最好的解决办法就是少喝酒。

科学小链接

在日常生活中，适量地饮酒可以加快血液循环，对身体会有一定的好处。但是，如果过量饮酒，则会损害肝脏，对身体产生较大的危害。

喝雄黄酒大有文章

>>>>>>>>>>>>

端午节那天，奇奇不仅吃到美味的粽子，还尝了一口雄黄酒。虽然雄黄酒的味道说不上好，但是奇奇却从爸爸那里学到了不少的知识。

爸爸告诉奇奇，喝雄黄酒还有一段传说。传说屈原投江自尽之后，百姓为了避免屈原尸体被江里的鱼龙所伤，便纷纷把粽子投入江中喂鱼。一位神医拿来一坛雄黄酒倒入江里，说是可以药晕鱼龙。过了一会儿，水面果真浮起很多鱼。人们就把这些鱼拉上岸，剥了皮，以解心头之恨，然后把鱼骨缠在孩子们的手腕和脖子上，又用雄黄酒抹七窍，目的是使孩子们免受虫蛇伤害。

据说这就是端午节饮雄黄酒的来历，后来这个习俗逐渐流传下来。在端午清晨，有些地方的人们至今还喜欢把雄黄酒或雄黄水洒在屋子外，涂在小孩耳、鼻、头额和面颊上，以避除毒虫、蚊蝇叮咬，驱散瘟疫毒气。

作为一种中药药材，雄黄可以用做解毒剂、杀虫药，但是饮用雄黄酒要特别慎重。

雄黄是砷的硫化物之一，雄黄加热经过化学反应会转变为三氧化二砷，也就是剧毒品砒霜。由此可见，饮用加热的雄黄酒实际上是在服毒。酒可以扩张血管，加速砷在消化道和皮肤的吸收，时间短则十几分钟、长则4~5小时即会中毒，轻者表现为脑骨后疼痛、恶心、呕吐、腹泻、腹痛、大便呈"米泔样"，重者至死亡。

中医药学认为，雄黄外用治疗疥癣恶疮、蛇虫咬伤等，效果较好。内服微量，可治惊痫、疮毒等症。但由于雄黄毒性太大，极少用于内服。一般内服多入丸、散剂。由于雄黄遇热易分解为三氧化二砷，有剧毒，因此，中药学上有雄黄忌火煅之说。

因此，在科学知识大为普及的今天，我们应该正确看待雄黄酒的功效并慎重加以应用，兴利陈弊，以确保安全、快乐地欢度端午节，维护身体健康。

科学小链接

中医认为，雄黄性温、微辛、有毒。由于雄黄有腐蚀之力，所以使用雄黄一定要听从医生指示，且只有遵古法炮制的雄黄酒才能喝。

第2章　化学的基础知识

　　化学是一门与人类生活息息相关的学科，有着非常严谨的知识结构。

　　你知道自己每天吸入和呼出的是什么吗？

　　你知道什么是元素周期表吗？

　　你知道煤气中毒是怎么回事吗？

　　你知道……

　　今天，带你了解化学的基础知识，从人们的呼吸开始。

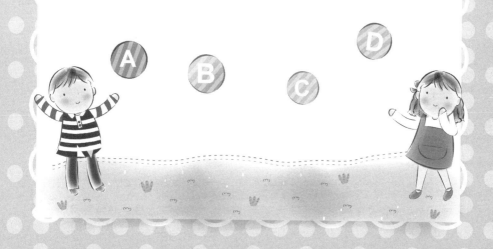

自由呼吸——氧气是什么

奇奇看到电视新闻上说，十多名游客在西藏旅游的时候被困，并因为携带的氧气不足而导致休克。

奇奇好奇地问："妈妈，休克是什么意思？"

妈妈回答说："休克是指有效血液循环量不足，造成组织与器官血液灌注不足，进而导致组织缺氧、坏死。如果不及时抢救，将会导致死亡。"

奇奇继续问："氧气是什么？"

氧气是空气的组成部分之一，是一种无色、无臭、无味的气体，化学符号为 O_2。氧气比空气重，在标准状况下密度为1.429克/升，能溶于水，但溶解度很小。一个人，不吃东西能够生存一周左右的时间；不喝水能够存活3天左右；但如果不呼吸，只能够生存几分钟。

在日常生活中，很多人都喜欢呼吸新鲜的空气，那是因为新鲜的空气中富含氧，而氧气则为人们的生命提供了最基本的保障。

人们摄入蛋白质、脂肪及糖三大类营养物质后，需要通过氧化作用才能产生和释放出化学能，而把生成的化学能充分转化为人体所需要的能量，并把能量存储起来，人体才能正常进行新陈代谢。

如果缺氧，就会引起能量的供应不足，进而影响人体细胞内外电解质的平衡和人体内部酸碱度的平衡，通常表现为憋气、胸闷、心悸、眩晕等症状。持续的慢性缺氧会导致心脏体积增大，心肌增厚，造成心肌供血不足，容易发生心力衰竭。同时，缺氧还会使肺血管收缩，进而引起肺心病。

前面所讲的那些旅游者休克就是因为缺氧，在西藏海拔几千米的地方，氧气稀薄，一般人到达那里之后会因为呼吸困难而休克，因此需要特别的吸氧装备。

缺氧后果的严重程度与缺氧的持续时间有很大的关系，因此在缺氧时及时补充氧气可以大大减少对器官组织的损伤，机体可迅速恢复；如果缺氧长时间得不到改善，对缺氧敏感细胞而言，损伤将难以恢复，并且会使其他机体和器官产生病变。

如果没有氧气，人体的代谢活动就会马上停止，细胞会因得不到营养而很快就会死亡，各个器官也会因得不到营养而快速衰竭。

在冶炼工业、化学工业、国防工业等方面，氧气的作用同样是不可或缺的。

在冶炼工业方面，如果没有高纯度的氧气，就无法生产钢。在有色金属冶炼中，借助氧气可以缩短冶炼时间，进而提高产量。在化学工业方面，氧气主要用于原料的氧化，如重油的高温裂化，以及煤粉的气化等。在国防工业方面，液氧是现代火箭最好的助燃剂。

科学小链接

人类呼吸的氧气主要来源于绿色植物的光合作用。绿色植物通过叶绿素来利用光能，把二氧化碳和水转化成储存着能量的有机物，并且释放出氧气。因此，人类要保护植物，保护赖以生存的自然环境。

地球上的氧气会用完吗

知道了氧气的重要性之后，奇奇每次呼吸都非常小心。

妈妈不解地问："奇奇，你怎么了？为什么呼吸的时候显得那么小心？"

奇奇说："妈妈，我得少呼吸一些氧气，不然氧气用完了，人就无法生存了。"

妈妈听完之后，便哈哈大笑起来。奇奇非常不解地问："妈妈，你笑什么啊？"

妈妈回答说："傻孩子，氧气是不会用完的。"

前文已经说过，氧气是地球上所有生物生存的最基本的物质，维持着各种生物的生存。在地球周围，环绕着1000千米厚的大气层。大气层的组成按体积比例计算，氮气约占大气总量的78%，是大气的主要成分；氧气约占21%；二氧化碳、氩气、臭氧、水蒸气以及其他气体仅占大气很小的一部分，约为1%。

大气中的氧气是地球上一切生物生存的根本。每个人平均每小时消耗8升氧气，相当于40升空气；石油、煤在燃烧时也要消耗大量的氧气；工业生产中，如炼钢、焊接、切割金属等都需要消耗氧气。

于是，这就产生了一个问题：地球上的氧气会用完吗？

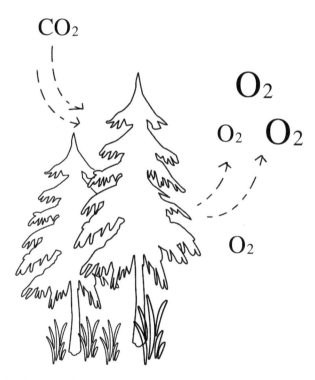

科学家们曾在地中海沿岸的遗址挖掘出了一个密闭的大坛子。根据相关的文献记载，科学家们估计这个坛子是维苏威火山在1000多年前爆发时，被灰尘掩埋的。

后来，科学家们从坛中抽出空气进行分析，发现1000多年前空气中的氧气含量与现在基本相同。

为什么空气中的氧气含量没有改变呢？原来，地球上除了吸收氧气、产生二氧化碳的转化过程以外，还存在着消耗二氧化碳、生成氧气的转化过程。因此，人类呼吸和工业生产所消耗的氧气是可以再生的。

在地球上，绿色植物通过光合作用，吸收大气中的二氧化碳以及土壤中的水分和无机矿物养料，释放出氧气。

所以，每当新的一天，太阳从东方升起，灿烂夺目的阳光照射在绿色植物的叶子上时，这种光合作用也就开始了，并且周而复始，不断提供新鲜氧气。

虽然自然界中有光合作用的存在，但是科学家们发现，由于现代科技的快速发展，对氧气的消耗量也前所未有地增加，同时植被被破坏的情况日益严重，从而导致空气中的氧气含量开始下降。因此，人类应该加强危机意识，保护地球表面的绿色植被，并减少对大气的污染。

科学小链接

一棵树一天能"生产"约5千克的氧气，可供3个人一天呼吸氧气的量。因此，只要地球上的每个人多种一棵树，就可以解决氧气含量下降的问题。

元素的符号由来

>>>>>>>>>>>

奇奇和妈妈在超市里购物，奇奇拿起一瓶饮料，发现上面有个很奇特的符号——H_2O。

奇奇问："妈妈，H_2O是什么？"

妈妈正在挑选饮料，随口说道："水！"

奇奇觉得很奇怪，问："水为什么是H_2O呢？"

妈妈回答说："这是水的分子式。"

学习过化学的人都知道符号，比如"H_2O"是水的分子式，表示一个水分子由两个氢原子和一个氧原子组成，其中的"H"是氢元素的化学元素符号，"O"是氧元素的化学元素符号。

那么，为什么H、O分别能代表氢和氧两种元素呢？

自从化学被作为一门独立的科学出现之后，当时各国并没有统一的化学元素符号。比如，在欧洲，化学元素的符号往往等同于行星的符号；在美洲，化学元素的符号则和当地的一些文字通用。由于化学元素符号没有统一的规定，因此严重阻碍了化学的研究和发展。

19世纪，化学史上标志性的人物道尔顿用各式各样的圆圈来代表各种化学元素。这些化学元素符号较以前有了不小的进步，简单、整齐多了，但写起来仍很麻烦，故未能有效地推广。

后来，随着化学的发展，世界各地的化学家联系日益密切，为了方便学术交流，瑞典化学家贝采乌斯在1913年提议，用化学元素的拉丁文名称最开头的字母作为这种元素的化学符号。比如，氧的拉丁文名称为"Oxygen"，其化学元素符号简记为"O"；氢的拉丁文名称为"Hydrogen"，其化学元素符号简记为"H"；碳的拉丁文名称为"Carbon"，其化学元素符号简记为"C"；硫的拉丁文名称为"Sulfur"，其化学元素符号简记为"S"。如果有两种化学元素拉丁文名称开头字母相同，则将第二个字母也写出来，并且改用小写。比如，铜的拉丁文名称为"Cuprum"，其化学元素符号简记为"Cu"。

化学元素的符号是根据元素的名称来确定的，而化学元素的名称则是根据发现者给它命名，然后由国际组织给予认证，因此化学元素的名称均含有一定意义。比如，"铕""镅""锗"来自地名；"锿"是为了纪念爱因斯坦；"钔"则是为了纪念门捷列夫。

总而言之，由于化学元素被发现的时代不同，发现者的意愿不同，因此被赋予的含义也各不相同。简单地说，就像大家的名字一样，只是一个代号。

科学小链接

元素符号在化学研究中的应用非常广泛。比如，借助元素符号就可以将很多化学反应直观地展现在大家的面前。

二氧化碳——温室效应的缔造者

奇奇在电视新闻上看到关于温室效应的报道，他便好奇地问："爸爸，温室效应是什么？"

爸爸回答说："温室效应是大气保温效应的俗称。大气能使太阳短波辐射到达地面，但地球表面向外放出的长波辐射却被大气吸收，这样就可以使地表与低层大气温度增高。由于这一自然现象类似于栽培农作物的温室，因此叫温室效应。"

奇奇接着问："被大气吸收？"

爸爸回答说："对！大气中的二氧化碳气体具有吸热和隔热的功能。它在大气中增多会导致太阳辐射到地球上的热量无法向外层空间发散，并对红外线进行反射，其结果是地球表面的温度上升。因此，二氧化碳气体也被称为温室气体。"

二氧化碳气体是空气的重要组成部分，其分子式为CO_2，常温下是一种无色无味的气体，密度比空气略大，能溶于水而生成碳酸。

二氧化碳气体的增多主要是由于现代化工业社会过多使用煤炭、石油及天然气这三种燃料。这些燃料在燃烧后会放出大量的二氧化碳气体进入大气，从而增加大气中的二氧化碳气体含量。

二氧化碳气体在大气中的含量上升，会加剧温室效应增加，而由此导致的后果是非常严重的。

据科学家研究，如果二氧化碳气体在大气中的含量比现在增加一倍，那么全球气温将升高3～5℃，两极地区可能升高10℃，气候将明显变暖。气温升高，全球气候将发生改变，将导致某些地区雨量增加，而某些地区则会出现干旱；同时，还会使飓风力量增强，出现频率也将提高，自然灾害加剧。更令人担忧的是，由于气温升高，将使两极地区冰川融化，海平面升高，许多沿海城市、岛屿或低洼地区将面临海水上涨的威胁，甚至被海水吞没。

温室效应给人类带来的较大灾难莫过于20世纪60年代末，非洲撒哈拉沙漠南部牧区曾发生持续6年的干旱。由于缺少粮食和牧草，大量牲畜被宰杀，饥饿致死者超过150万人。

因此，人类必须有效地控制二氧化碳气体的排放，科学使用燃料，并且加强植树造林，以防止温室效应给全球气候带来巨大的灾难。那么人类应该如何有效降低大气中二氧化碳气体的含量呢？

科学家们研究发现，植树造林是有效控制二氧化碳气体增多的最有效方法。据推算，一棵阔叶树一天可以吸收33千克的二氧化碳气体，而一公顷的阔叶林一天可以吸收1000千克的二氧化碳气体。

为了大家赖以生存的大自然，请保护植被。

科学小链接

干冰是二氧化碳的固态存在形态，可以用作人工降雨。放在空气中的干冰能迅速吸收大量的热，使周围的温度快速降低，并使水蒸气液化成小水滴，从而达到降雨的目的。

大气中最轻的气体——氢气

在公园里游玩的时候，爸爸给奇奇买了一只氢气球，并告诉奇奇不要松手。但是，在看到有人玩过山车的时候，奇奇一时高兴，忘记了手中的气球。奇奇撒手之后，气球便飘上了天空。

奇奇问："爸爸，气球为什么会自己飞走了啊？"

爸爸回答说："这是因为气球里面的氢气比空气轻，所以它就会往天上飘。"

气球为什么能飘起来呢？这是因为气球里面装的是氢气。

氢气是世界上已知的密度最小的气体，氢气的化学符号为H_2。在通常状况下，氢气是没有颜色、没有气味的气体，密度小于空气，只有空气密度的1/14。因此，充满氢气的气球，往往过一夜就飞不起来了。这是因为氢气能钻过橡胶上人眼看不见的小细孔，溜之大吉。不仅如此，在高温、高压条件下，氢气甚至可以穿过很厚的钢板。

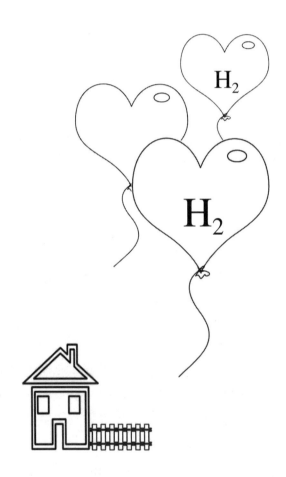

在标准大气压下，温度达到–252.87℃时，氢气可转变成无色的液体；–259.1℃时，氢气则会变成雪状固体。常温环境中，氢气的性质很稳定，不容易跟其他物质发生化学反应。但当条件改变时，如点燃、加热的情况时，就不同了。

在点燃或加热的条件下，氢气很容易和多种物质发生化学反应。纯净的氢气在点燃时，可安静燃烧，发出淡蓝色火焰，放出热量，有水生成。若在火焰上罩一干冷的烧杯，可以在烧杯壁上见到水珠。

氢在工业中用途非常广泛，是最重要的工业气体和特种气体。在石油化工、电子科技、金属冶炼、食品加工、航空航天等方面有着广泛的应用。比如，在航空航天领域，液氢多作为火箭的燃料。

另外，氢也是一种理想的二次能源。二次能源是指必须由一种初级能源（如太阳能、煤炭等）来转化的能源。在一般情况下，氢与氧非常容易发生反应，氢的这种性质使其成为天然的还原剂，应用于防止出现氧化的工业生产中。

与此同时，在玻璃制造过程、高温加工过程以及电子芯片的制造过程中，在氮气保护的情况下，加入氢气，可以更好地去除残留的氧气。

在石油化工中，需加氢通过去硫和氢化裂解来提炼原油。氢的另一个重要的用途是对人造黄油、食用油、洗发精、润滑剂、家庭清洁剂及其他产品中的脂肪氢化。

然而，和氮气一样，氢气在利用过程中，也存在弊端。因为氢气特殊的物理性质和化学性质，它是一种易燃易爆的气体，和氟、氯、氧、一氧化碳以及空气混合均有爆炸的危险。

其中，氢与氟的混合物在低温和黑暗环境就能发生爆炸；氢与氯的混合比为1∶1时，在光照下也可爆炸。由于氢气无色无味，燃烧时火焰是透明的，不容易被发现，因此在使用氢气时，要格外谨慎。

科学小链接

氢气虽然没有毒性，但若空气中氢气含量增高，人吸入的氢气过多，将会导致缺氧性窒息。另外，一些常用的液氢燃料，如果外泄并突然大面积蒸发，会造成局部环境缺氧，使人呼吸困难，并有可能和空气一起形成可爆炸的混合物，从而引发爆炸事故。

什么是元素周期表

妈妈给奇奇买了一本字典，奇奇非常高兴，爱不释手，不时翻来翻去地看。当奇奇翻到最后一页的时候，他发现了一个非常奇怪的表格，并且这个表格还有一个非常奇怪的名字——元素周期表。

奇奇问："妈妈，字典里的最后一页怎么会有元素周期表？元素周期表是做什么用的啊？"

妈妈告诉奇奇："元素周期表简称周期表，是元素周期律用表格表达的具体形式，它反映各元素的原子内部结构和它们之间相互联系的规律。"

不管是词典、字典，还是高中化学课本，最后一页都会有一张元素周期表。如果书本是彩色的话，还能够看到用不同的颜色标注的元素周期表。元素周期表有很多种表达形式。目前，最常用的是维尔纳长式周期表，其表格包括7个周期、16个族及4个区。元素在周期表中的位置能反映该元素的原子结构；周期表中同一横行元素构成一个周期；同周期元素原子的电子层数等于该周期的序数；根据元素周期表可以推测各种元素的原子结构以及元素及其化合物性质的递变规律。

19世纪，俄国化学家门捷列夫发现了元素周期律，并就此发表了世界上第一份元素周期表。

门捷列夫出身贫寒，但他并没有被贫困吓到，反而从小刻苦学习。1850年，门捷列夫凭借着刻苦学习终于敲开了大学的校门，并以微薄的助学金开始了自己的大学生活。后来，门捷列夫成为一名圣彼得堡大学的教授。

当时，虽然各国化学家都在探索已知的几十种元素的内在联系规律，但是门捷列夫通过自己的努力成为元素周期律的奠基人。

19世纪60年代，英国化学家纽兰兹把当时已知的元素按原子量大小的顺序进行排列，发现无论从哪一个元素算起，每到第八个元素就和第一个元素的性质相近。这很像音乐上的八度音循环，因此他干脆把元素的这种周期性规律叫作"八音律"，并据此画出了标示各元素之间关系的"八音律"表。

很明显，他已经意识到了元素周期表的某些规律。不过，当时的客观条件限制了他作进一步的探索，因为当时原子量的测定值有错误，而且他也没有考虑到还有尚未发现的元素，只是机械地按当时的原子量大小将元素排列起来，所以他没能揭示出各元素之间的内在联系规律。

同样，门捷列夫也发现了这个规律，但他却没有被眼前的客观条件所约束，反而以惊人的毅力投入对元素周期律的探索。

在探索的过程中，他将当时已知的各种元素的主要性质和原子量，写在一张张小卡片上，进行反复地排列、比较。然而，一直没有一个合理的方式能够直观地表达出来。

1869年2月的一天，在实验室里，他又困又乏，不知不觉地趴在实验室里的桌子上睡着了。在梦里，他看到了一张表，元素们纷纷落在合适的格子里。醒来后，他立刻用笔记下了这个表，在这张表中：元素的性质随原子序数的递增，呈现有规律的变化。

在发表元素周期表之初，门捷列夫就在他的表里为未知元素留下了空位。果然，随着科学技术的发展，很多被门捷列夫预测的一些元素被一一发现，而它们相应的性质也与门捷列夫的预测惊人地吻合。

元素周期表

周期 \ 族	I$_A$	II$_A$	III$_B$	IV$_B$	V$_B$	VI$_B$	VII$_B$	VIII			I$_B$	II$_B$	III$_A$	IV$_A$	V$_A$	VI$_A$	VII$_A$	0 18
1	1H 氢																	2He 氦
2	3Li 锂	4Be 铍											5B 硼	6C 碳	7N 氮	8O 氧	9F 氟	10Ne 氖
3	11Na 钠	12Mg 镁											13Al 铝	14Si 硅	15p 磷	16S 硫	17Cl 氯	18Ar 氩
4	19K 钾	20Ca 钙	21Sc 钪	22Ti 钛	23V 钒	24Cr 铬	25Mn 锰	26Fe 铁	27Co 钴	28Ni 镍	29Cu 铜	30Zn 锌	31Ga 镓	32Ge 锗	33As 砷	34Se 硒	35Br 溴	36Kr 氪
5	37Rb 铷	38Sr 锶	39Y 钇	40Zr 锆	41Nb 铌	42Mo 钼	43Tc 锝	44Ru 钌	45Rh 铑	46Pd 钯	47Ag 银	48Cd 镉	49In 铟	50Sn 锡	51Sb 锑	52Te 碲	53I 碘	54Xe 氙
6	55Cs 铯	56Ba 钡	57~71 La~Lu 镧系	72Hf 铪	73Ta 钽	74W 钨	75Re 铼	76Os 锇	77Ir 铱	78Pt 铂	79Au 金	80Hg 汞	81Tl 铊	82Pb 铅	83Bi 铋	84Po 钋	85At 砹	86Rn 氡
7	87Fr 钫	88Ra 镭	89~103 Ac~Lr 锕系	104Rf 𬬻	105Db 𬭊	106Sg 𬭳	107Bh 𬭛	108Hs 𬭶	109Mt 鿏	110Ds 𫟼	111Uuu	112Uub						

镧系	57La 镧	58Ce 铈	59Pr 镨	60Nd 钕	61Pm 钷	62Sm 钐	63Eu 铕	64Gd 钆	65Tb 铽	66Dy 镝	67Ho 钬	68Er 铒	69Tm 铥	70Yb 镱	71Lu 镥
锕系	89Ac 锕	90Th 钍	91Pa 镤	92U 铀	93Np 镎	94Pu 钚	95Am 镅	96Cm 锔	97Bk 锫	98Cf 锎	99Es 锿	100Fm 镄	101Md 钔	102No 锘	103Lr 铹

当今，元素周期表依然发挥着巨大的作用，科学家们可以利用它来指导对新材料、新元素的研究。

空气中的主力军——氮气

奇奇问："妈妈，你刚刚说大气层的组成按体积比例计算，氮气约占大气总量的78%，是空气的主要组成部分。那么，氮气是一种什么气体？它有什么用途？"

妈妈回答说："氮气的用途非常广。比如，汽车轮胎里充的就是氮气。"

奇奇接着问："轮胎里为什么充氮气呢？"

妈妈回答说："氮气是一种不活泼的气体，在气温很高的情况下，其自身温度变化不大，可以有效防止爆胎。"

氮气，是大气的重要组成部分之一，是一种无色、无臭、无味的气体，通常无毒，化学元素符号为N_2。常温下为气体；在标准大气压下，冷却至$-195.8℃$时，会变成无色的液体；冷却至$-209.86℃$时，液态氮变成雪状的固体。氮气的化学性质很稳定，常温下很难跟其他物质发生反应，但在高温、高能量条件下可与某些物质发生化学变化，用来制取对人类有用的新物质。

氮气在水里溶解度很小，在标准大气压下，1体积水中大约只溶解0.02体积的氮气，与氧气的性质完全不同。同时，氮气是一种不易液化的气体，故通常采用黑色钢瓶盛放氮气。

氮气在生产生活中，有着广泛的用途。首先，利用氮气化学性质稳定的特点，可充在电灯泡里，可防止钨丝的氧化和减缓钨丝的挥发速度，延长灯泡的使用寿命。氮气也可用于轮胎充气，在气温很高的情况下，由于其自身温度变化不大，能有效防止爆胎。氮气还可以用来代替惰性气体，作为焊接金属时的保护气。

博物馆里，一些贵重而稀有的画页、书卷保存在一个玻璃器皿中，而这些玻璃器皿中充的就是氮气，以使书画不易被腐蚀，同时能防蛀虫。

农业生产中，通常利用氮气可以使粮食处于休眠和缺氧状态，以达到防虫、防霉以及防变质效果，同时，粮食不会受到污染，管理比较简单，所需费

用也不高。除此之外，氮气还可用来保存水果、蔬菜等农副产品。

在医疗领域，将氮气冷却，制成液氮，给手术刀降温，就成为"冷刀"。医生用"冷刀"做手术，可以减少出血或不出血，手术后病人能更快康复。液氮也可以用来治疗皮肤病，这是由于液氮的汽化温度是−195.8℃，它可以使病变处的皮肤坏死、脱落。

目前，随着科技的不断进步，人类对氮的应用越来越广。目前，人们还利用液氮产生的低温，来保存良种家畜的精子，储运各地，解冻后再用于人工授精。同时，氮气还可以作为化工原料，用来生产化肥、炸药等。

科学小链接

在大自然中，氮是"生命的基础"，它不仅是农作物制造叶绿素的原料，而且是农作物制造蛋白质的原料。据统计，全世界的农作物在一年之内，要从土壤里摄取四千多万吨氮。

无形的杀手——一氧化碳

奇奇放学后回到家，还没有放下书包，就对爸爸妈妈说："我们学校昨天有同学煤气中毒了，幸亏发现得及时，最后被抢救过来了。爸爸妈妈，煤气中毒是怎么回事呢？"

爸爸说："煤气中毒是指一氧化碳中毒，大多是由于煤炉没有烟囱，或者烟囱闭塞不通，再或者因大风吹进烟囱，使一氧化碳在室内聚集较多所导致的。"

奇奇接着问："为什么一氧化碳能让人中毒？"

在通常状态下，一氧化碳是无色、无臭、无味、有毒的气体，化学式为CO，标准状况下气体密度为1.25g/L，和空气密度差别不大，而这也是容易发生煤气中毒的原因之一。

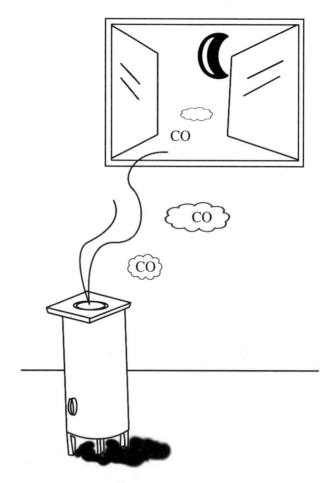

一氧化碳经呼吸道进入人体，然后经过肺泡进入血液循环，与血红蛋白结

合，形成碳氧血红蛋白，使血红蛋白失去携带氧气的能力。

据研究，一氧化碳与血红蛋白的结合力比氧与血红蛋白的结合力大300倍左右，而碳氧血红蛋白又比氧合血红蛋白的解离慢约3600倍，另外，碳氧血红蛋白的存在还抑制氧合血红蛋白的解离，阻抑氧的释放和传递，造成机体急性缺氧血症，从而导致人体窒息。

一氧化碳中毒之后，会表现出以下几种情况：

轻度中毒患者，会出现头痛、头晕、失眠、视物模糊、耳鸣、恶心、呕吐、全身乏力、心动过速、短暂昏厥。

中度中毒患者，除上述症状加重外，口唇、指甲、皮肤黏膜出现樱桃红色，多汗，血压先升高后降低，心率加速，心律失常，烦躁，一时性感觉和运动分离，即还有意识，但不能行动。症状继续加重，会出现嗜睡、昏迷。

重度中毒患者，会表现昏迷状态，严重的还会表现出阵发性强直性痉挛，患者面色苍白或青紫，血压下降，瞳孔散大，最后因呼吸麻痹而死亡。经抢救存活者，则会留有严重的并发症及后遗症。

一氧化碳主要是由于煤炭燃烧不充分所致，平时大家能看到煤球炉里的煤球燃烧时会发出蓝色火焰，而这就是一氧化碳燃烧发出的火焰。如果燃烧不完全，就会生产一氧化碳气体，若室内通风较差，容易导致室内人员中毒。

但是，一氧化碳并非一无是处。在工业生产中，一氧化碳发挥着重要的作用，一氧化碳可作气体燃料和用来冶炼金属。另外，一氧化碳喷漆，干燥速度快，光泽鲜亮，不会产生有毒污染。

科学小链接

冬天依靠煤炉来取暖的家庭，尽管已经装上了煤气管道，但依然有中毒的危险。这主要是因为一旦遇到大风天气，尤其是在夜晚，会使煤气倒灌进屋子，引起中毒。这时候，一定要打开炉门，让蜂窝煤能够充分燃烧，或者干脆将炉子灭掉。在冬季的雨雪、阴天或气压低的天气里，要注意及时清扫烟囱，以保持其内部通畅，并要经常开窗通风。

想消就消的涂改液

奇奇在写作业的时候，妈妈发现他在修改的时候，没有选择使用橡皮，而是将一个白色的软塑料瓶拿出来，从里面挤出一点白色的液体，将写错的字涂抹盖住。

妈妈问："奇奇，这是什么？"

奇奇自豪地回答说："这是涂改液，如果作业中有需要修改的地方，只需要用它轻轻一涂，就可以把错误遮住，比橡皮方便多了。班里的同学们都在用这个。"

妈妈说："涂改液不能用，它对身体是有害的。"

涂改液在学生之中应用得非常广泛。它是一种白色不透明颜料，涂在纸上可以遮盖错字，并以很快的速度干涸，而干涸后就可以在其上面重新书写。

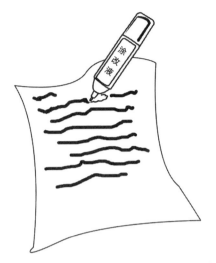

涂改液在学生中很受欢迎，过去使用的橡皮擦已经慢慢开始被其取而代之。另外，涂改液不像橡皮那样对钢笔和圆珠笔的字迹束手无策，并且方便、快捷、干净、覆盖力强。然而，涂改液在给学生们带来帮助的同时，也给他们的身体带来了危害。

涂改液中，除了含有铅、苯、钡等对人体有害的化学物质外，还含有三氯乙烷（化学式为$C_2H_3Cl_3$）、甲基环己烷（化学式为C_7H_{14}）及环己烷（化学式为C_6H_{12}）等有机物，其毒性的强弱和浓度成正比。

涂改液里面不少组成部分都具有挥发性，因此在使用的过程中，一打开涂改液的瓶盖，就能立刻闻到一股刺鼻的味，而这种气味对身体是有害的。在使用的过程中，如果涂改液溅到人体的皮肤上，会粘在上面，引起慢性中毒，进而危害健康。如果长期使用此类产品，将有可能破坏人体的免疫功能，甚至会导致白血病等并发症。

现在，有些文具企业推出了环保型的涂改液，并强调其无毒、无挥发性气体，对人体没有危害。其实，这并不完全正确，再环保的涂改液，它里面的有毒成分也还是存在的。所以说，即便是环保型涂改液，同学们也需要提高警惕、小心防范。

奇奇在了解了这些之后，说："妈妈，涂改液是不是不能用啊？"

妈妈回答说："对！使用涂改液还容易引起依赖性，因此为了身体健康，应该尽量使用传统的橡皮。"

奇奇听后点了点头。

科学小链接

如果迫不得已，一定要用到涂改液时，那么千万不要去嗅它的气味。如果将涂改液溅到皮肤上，不要慌张，也不要用手去擦，而要用风油精把手上粘有涂改液的地方浸湿，然后用纸巾反复擦拭，这样就可以擦掉皮肤上的涂改液了。

干燥剂是什么

一天，奇奇打开一包食品后，发现里面有一个小袋子。

奇奇问："妈妈，这个小袋子里面是什么啊？是不是好吃的东西？"

妈妈赶紧回答说："那是干燥剂，不能吃。"

奇奇不解地问："干燥剂是什么啊？它是用来做什么的？"

在很多袋装食品中，经常会有一小包白色的东西，这就是干燥剂。干燥剂也叫吸附剂，是为了防止食品发霉、变质，起干燥作用。干燥剂通过化学方式吸收水分子并改变自身的化学结构，生成另外一种物质。在一般情况下，食品中的干燥剂均无毒、无味、无接触腐蚀性、无环境污染，其主要有硅胶干燥剂、生石灰干燥剂以及纤维干燥剂等。

硅胶干燥剂的主要成分是二氧化硅，化学式为SiO_2，是一种高活性吸附材料，一般用天然矿物经过提纯加工而成粒状或珠状。作为干燥剂，它对水分子具有良好的吸附能力。硅胶干燥剂最适合的吸湿环境为室温（20~32℃）、高湿60%~90%，它能使环境的相对湿度降低至40%左右，因此其应用范围非常广泛。同时它具有其他同类材料难以取代的特点。

生石灰干燥剂的主要成分是氧化钙，化学式为CaO，其吸水能力是通过化学反应来实现的，因此其吸水过程具有不可逆性。不管外界环境湿度高低，它能保持大于自重35%的吸湿能力。同时，生石灰干燥剂适合于低温度保存，具有极好的吸湿效果，而且价格较低。生石灰干燥剂可广泛用于食品、服装、茶叶、皮革、制鞋、电器等行业。

纤维干燥剂是由纯天然植物纤维经特殊工艺精制而成。其中，尤其是覆膜纤维干燥剂片，方便实用，不占用空间。它的吸湿能力可达到100％的自身重

量，是普通干燥剂所无法比拟的。另外，由于纤维干燥剂安全卫生、价格适中，因此是很多生物、保健食品及药品的理想选择。

奇奇了解了这些知识之后，惊奇地说："如果水洒在了桌子上，是不是也可以用这些干燥剂来吸水啊？"

妈妈笑着回答："当然可以。只是比较麻烦，不如用抹布随手一擦。干燥剂主要是用在食品、服装、皮革等行业，用来防止产品发霉、变质。"

科学小链接

有的家庭会在冰箱中放置一包竹炭，就是利用其吸附能力去除冰箱里面的异味。竹炭之所以能除异味，是由于它的多微孔结构，它的比表面积是任何其他物品所无法比拟的，因此能把大量的异味和细菌吸附到里面，使整个冰箱空间变得清洁，并且还可以起到保鲜的效果。

孪生兄弟——同位素

奇奇在一本课外读物中，看到了三个不认识的字——氕、氘、氚。于是，他赶忙去找爸爸帮忙。爸爸看了看，说："这三个字分别念piē、dāo、chuān。"

奇奇听后又看了看这三个字，说："这三个字真有意思，一个比一个多一笔。"

爸爸继续说："它们三个在化学中是孪生兄弟，同位素。"

同位素是指具有相同质子数，不同中子数或不同质量数的同一元素的不同核素。

在元素周期表的第一个住户里，户主是氢，但却不是住了氢一个，而是住着三个"兄弟"，它们分别是氕、氘、氚。它们都只含有一个质子，所不同的是，氚带有两个中子，氘只有一个中子，而氕则没有中子。

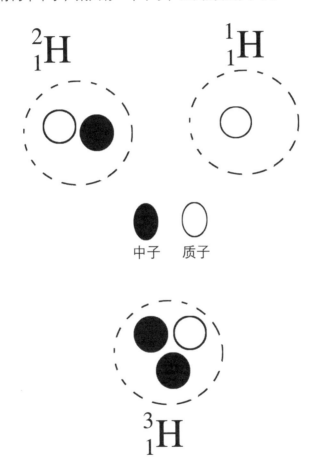

其实，不仅仅是氢，如果你细心地检查元素周期表中的其他位置，可以发现也有类似的情况。比如，50号元素锡，有十个"兄弟"。另外，有的同位素是安分守己的，叫作稳定同位素。比如，6号房间的碳，它的同位素碳12与碳13都比较稳定。

一种元素的几个同位素"兄弟"的重量是不相同的，有的重，有的轻。比如，氢的三个同位素，"老大"氚最重，人们称它为"超重氢"；"老二"氘次之，人们称为"重氢"；"老三"最轻，通常被人们称为"氢"。这是由于它们各自带的中子数不同的缘故。其他元素的同位素也一样，谁带的中子数多，谁就重些。

元素的同位素之间，由于所带的中子数不同，他们的特征在一定范围内表现得也不同。比如，氢的同位素氕，能燃烧，由于没有中子，可以与许多非金属、金属直接化合，是合成氨、氯化氢以及有机合成中的氢化反应的原料。氘与氕比起来，化学活泼性差些，但只要人工加速氘原子核，就能使其参与许多核反应，这种反应能放出巨大的能量，因此氘是一种未来的能源。

其他各种元素的同位素，都有自己独特的本领。特别是那些放射性同位素，能不断地释放出能量。科学家们利用了这些放射性同位素的这一特点，使它们可以为人类服务。比如，随着医疗科技的发展，全国不少医院都建立起了一百多项同位素治疗方法，包括体外照射治疗和体内药物照射治疗。与此同时，同位素在免疫学、分子生物学、遗传工程研究以及基础核医学中，也发挥着重要的作用。

随着科学技术的发展，人类必然会认识越来越多的同位素，并能够充分认识它们的特点，使之对人类社会的进步发挥重大的作用。

科学小链接

科学技术的不断发展，让同位素发挥着越来越重要的作用。比如，碳12被作为确定原子量标准的原子；氘、氚是制造氢弹的主要原料；铀235是制造原子弹和核反应堆的主要原料。

第3章　化学与人们的日常生活息息相关

日常生活中的各种现象和化学知识有着千丝万缕的联系。

你知道樟脑丸是如何保护衣服免于蛀虫的侵害吗？

你知道虾和蟹死亡之后为什么会变成红色吗？

你知道霓虹灯为什么是五颜六色的吗？

你知道……

关注化学知识，从日常生活开始。

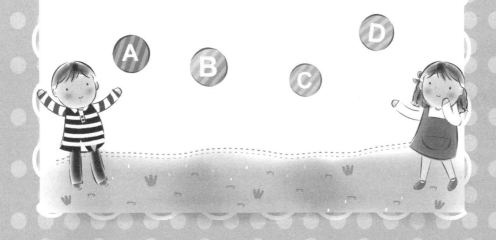

护衣神——防蛀虫的樟脑丸

奇奇看到妈妈将几个白色椭圆状的东西放进了衣柜，他觉得非常奇怪，便不解地问："妈妈，你刚刚往衣柜里面放的是什么啊？"

妈妈回答说："是樟脑丸，专门用来保护衣服，防止衣柜里生蛀虫的。"

奇奇问："樟脑丸是什么？为什么它可以防止衣柜里生蛀虫呢？"

樟脑丸又叫樟脑球、卫生球。根据成分的不同，樟脑丸可以分为天然樟脑丸与合成樟脑丸两种。其中，合成樟脑丸的主要成分为萘。萘是一种有机化合物，化学式为$C_{10}H_8$，其多为白色晶体，易挥发且有特殊气味。萘是从炼焦的副产品——煤焦油中制取，主要是用于合成染料、树脂等。合成的樟脑丸大多呈白色，气味刺鼻。同时，合成樟脑丸能引起人体中毒症状，如倦怠、头晕、头痛、腹泻等。

天然樟脑丸多为光滑的呈无色或白色的晶体，可以挥发出一种清香的气味，并且可以浮于水中。天然樟脑丸又被称为臭珠，原本是从樟树枝叶中提炼出的有芳香味的有机化合物。多用于衣物的防虫、防蛀、防霉，也可用于生产药和香料等，如在医药上用作强心药。

家庭中的衣箱、衣柜里，常常暗藏着各种蛀虫和蠹虫，它们以天然纤维为食，进而损坏衣物。合成樟脑丸中的萘能够散发出一种特殊的气味，可以使蛀虫、蠹虫"闻味而逃"，从而达到保护衣物的目的。

由于天然樟脑丸是从樟树叶里提炼出来的，因此有强烈的樟木气味。如今的一些家庭中，会有一些用樟木做的家具，这些家具不断散发出樟脑的清香，使蛀虫和蠹虫难以生存，从而起到防止衣服被蛀虫和蠹虫损坏的效果。

在冬季打开衣箱取棉衣时，如果你仔细观察，会发现原来放进去的樟脑丸都已经"不翼而飞"了，或者变得非常小。这是因为萘和樟脑都会直接变成气体挥发。这种固体不经过液态而直接变成气体的现象，在化学上叫作"升华"。涂抹在皮肤上的碘酒（碘的酒精溶液），在酒精干了之后，皮肤上的黄色也很快褪去。这就是因为碘变成了气体，升华了。

由于合成樟脑丸里的萘不纯净，常混有带颜色的杂质，萘升华以后，会在衣物上留下斑痕。因此，在把合成樟脑丸放进衣箱或衣柜时，要用纸包上。

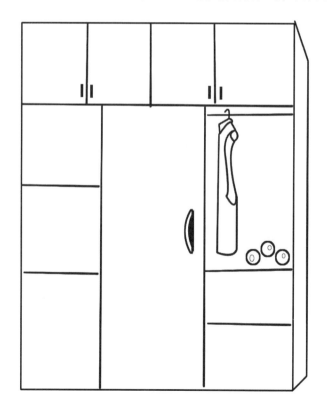

了解了这些知识之后，奇奇说："原来樟脑丸还有这么大的用处呢！"

妈妈说："现在的樟脑丸多半是合成樟脑丸，而里面的萘是有毒的，因此不可以闻，更不可以食用。"

奇奇听话地点了点头。

科学小链接

居家常用的樟脑丸尽管能够保护衣服，使衣服免于受到蛀虫的损坏，但同时也是一种危险的化学品，其成分99％都是樟脑油精，轻则会导致眼、鼻及皮肤发痒，重则破坏血液中的红细胞，对孕妇、儿童、贫血患者来说非常危险。

在衣柜中使用樟脑丸，取出的衣物应先晒一晒，或者用电吹风吹一吹，然后再穿。对于孕妇和儿童的衣物，尤其是婴儿的衣物，最好不要使用樟脑丸。

人间美食——咸鸭蛋是如何制作的

吃饭的时候，妈妈端上来一盘精心准备的咸鸭蛋。看着流油的蛋黄，奇奇的口水都流出来了，赶紧夹过来吃。

奇奇边吃边说："妈妈，这咸鸭蛋真好吃，它是怎么制作的呢？"

人们日常生活中经常吃的咸鸭蛋是一种以新鲜鸭蛋为主要原料经过腌制而成的食品。咸鸭蛋的营养丰富，富含脂肪、蛋白质及人体所需的各种氨基酸、钙、磷、铁、各种微量元素、维生素等，易被人体吸收。优质的咸鸭蛋咸度适中、味道鲜美，老少皆宜。咸鸭蛋的蛋壳呈青色，外观圆润光滑，因此在一些地方又叫作"青蛋"。它是一种味道特殊、食用方便的再制蛋，色、香、味均十分诱人。

与普通鸭蛋相比，咸鸭蛋里面的营养成分已经发生了很大的变化。部分蛋白质被凝固；由于盐分的渗透，使蛋内盐分增加，蛋内无机盐也随之略增。生蛋黄中的脂肪由于与蛋白质结合在一起，故看不出含有油脂；若腌制时间较久，蛋白质就会变性，并与脂肪发生分离，而脂肪聚集在一起就成了蛋黄油；蛋黄中含有大量的红黄色卵黄素及少量的胡萝卜素，蛋黄油呈红黄色，进而增加了咸蛋的感官性状。由此可见，咸鸭蛋出油是咸鸭蛋腌好的标志。

此外，咸鸭蛋中钙质、铁质等无机盐含量丰富，并且含量比鲜鸡蛋、鲜鸭蛋都高，因此它是夏日补充钙、铁的好食品。

腌制咸鸭蛋的过程中，其内部发生了很多的化学反应。众所周知，脂肪是不溶于水的，而咸蛋黄里的蛋白质则不然。蛋黄中的脂肪在蛋白质的乳化作用下，特性会发生一定的变化。在盐（氯化钠）的作用下，钠离子（Na^+）与氯离子（Cl^-）透过蛋壳进入蛋内，并溶解于其中的水里。盐的浓度增大，蛋白质的溶解度就会发生下降，进而发生了凝结。而凝结就破坏了原有的乳化作用，使脂肪从乳化液里逐渐游离出来，这一现象被化学家们称为破乳现象。需要提醒的是，在咸鸭蛋煮熟时，油才会明显地出现在蛋黄里。

关于腌制咸鸭蛋的具体方法，由于各个地方的风俗不同，因此逐渐形成了各种不同的腌制方法，也腌制出了各种不同的口味。但不管是哪一种腌制方法，其原理都是一样。

最常见的一种腌制方法是饱和食盐水腌制法。水和盐的用量按鸭蛋的多少来定。腌制时，先将食盐溶于烧开的水中，达到饱和状态；待盐水冷却后，将其倒入坛中，并将洗净、晾干的鲜鸭蛋，逐个放进盐水中；最后，密封坛口，置通风处，25天左右即可开坛取蛋煮食。

此腌制方法多见于我国北方，而由此法腌制的鸭蛋，蛋黄出油多，味道特别香。

科学小链接

饱和是指在一定温度和压强下，溶液中所含溶质达到最高限度。比如，大家经常喝的白糖水，在一定的温度下，水能溶解一定量的糖；如果糖放入过多，就会在水底出现沉淀物，而这就说明糖水已经达到了饱和状态。

我不想"红"——熟的虾和蟹为什么是红色的

有同学给奇奇出了道脑筋急转弯，问道："世界上谁最不想'红'？"

奇奇想了好久，都没有想出来，世界上怎么会有不想'红'的呢？

随后，同学说出了答案："虾和蟹最不想红。"

原来虾和蟹红的时候，就是它们被煮熟的时候。

为什么虾和蟹在被煮熟的时候会变成红色的呢？虾和蟹的外骨骼中有一个色素区，里面含有一种叫作虾红素的物质，它属于类胡萝卜素。这种色素原为橙红色，但非常容易与不同种类的蛋白质相结合，变为红、橙、黄、绿、蓝、紫等其他颜色。比如，把虾或蟹的红色外壳浸到一种叫作丙酮的化学试剂中，这种色素就会把丙酮染成美丽的橘红色，而壳体则褪色变浅。因此，当虾和蟹中的蛋白质被破坏、变性或与虾红素分离时，颜色即变为原来的橙红色。

相关科学研究报告中指出，在虾和蟹的外壳下面的皮层里，有许多色素细胞，这些色素细胞可以显现出不同的颜色，而且随着环境的明暗，这些色素细胞还能伸张或收缩。生活环境改变的时候，颜色就会发生相应的改变。比如，当环境较亮的时候，色素细胞就会变得活跃，虾和蟹的颜色就比较鲜明；当环境较暗的时候，色素细胞就会收缩，虾和蟹的颜色看起来也比较不明显。

由于生活环境的关系，活虾和活蟹的外壳在一般情况下都是青绿色的。但是，当虾和蟹下锅以后，大部分的色素遇到高温都分解掉了，只有虾红素不怕热，遇到高温不会分解，反而显现出鲜艳的红色。因此，煮熟的虾和蟹就变成红色的了。

很多甲壳类动物的体色，由于生存环境的差异，而有所不同。但是，不论甲壳类的动物是什么体色，只要将它用甲醛浸泡或加热，都会变成红色。这是因为生物体内的色素蛋白质，在受热的时候发生变性，原来同蛋白质结合在一起的色素"逃"了出来，才显露出了红色。

另外，自然死亡的虾和蟹，由于体内的蛋白质变性，色素逃离，也会使外壳变成红色。

科学小链接

变色龙之所以能在短时间内改变自己的体色，主要得益于变色龙体内发达的色素细胞。色素细胞在神经的刺激下会使色素在各层之间交融变换，从而实现变色龙体色的多种变化。

睁大眼睛看——糖精不是糖

奇奇和妈妈一起去超市购物，奇奇想买一瓶非常甜的饮料，但妈妈看了饮料的配方后，拒绝了奇奇的要求。奇奇对此很不理解。

奇奇问："妈妈，为什么我不能喝那瓶饮料呢？"

妈妈说："那瓶饮料里面有糖精，而糖精对人身体不好，所以不能喝。"

奇奇不解地问："我们天天都吃糖，为什么没有听你说过不好呢？"

妈妈回答说："糖精和糖不是一回事，它们有着很大的差别。"

糖精在化学中称为邻苯甲酰磺酰亚胺，化学式为$C_7H_5O_3NS$。常温下的糖精是白色结晶状粉末，熔点约为229℃，密度为0.828g/cm^3，微溶于水，它的钠盐称作糖精钠或溶性糖精，易溶于水，稀水溶液的甜味约为蔗糖的300~500倍。少量无毒，没有什么营养价值。

糖精钠是苯的衍生物，属于芳香族化合物，是一种无营养型的甜味剂。食品生产中，使用它只是用来增加食品的甜度，改善口味，从而增加人的食欲，其本身没有任何营养。

然而，在日常生活中，人们经常食用的糖是从甘蔗、甜菜等植物中提炼、加工而成的。甘蔗并非是植物中最甜的物质，原产南美洲的甜叶菊比蔗糖甜200~300倍；非洲热带森林里的西非竹竽，其果实的甜度比蔗糖甜3000倍。只是，甜叶菊、西非竹芋这些比蔗糖甜的物质，平时很难见到。

从化学角度来看，虽然糖和糖精是两种截然不同的物质，但它们都带有甜味。但是，长期过量食用糖精对人体是有害的，会刺激消化道的黏膜，影响一些消化酶的功能，使人的消化功能减退，增加肾脏的负担，甚至有可能引起人体遗传物质（RNA、DNA）的畸变，从而导致患膀胱癌的可能性增加。

在食品工业方面，为了增加食品的可口程度，糖精曾被广泛用于食品工业，并且在食品中的应用有明显的超范围、超量现象。一些厂家为了降低成本赚取暴利，在饮料、果脯甚至专供儿童消费的果冻等食品中，大量使用对人体有害无益的糖精来代替蔗糖，但在食品标签上却不作任何明示，或者冠以"蛋白糖""蛋白质"等名称掩盖使用糖精的事实，危害了消费者的身体健康，严重侵犯了消费者的知情权，已引起了社会各界和广大消费者的密切关注。

在食品中，由于糖精和糖的口感都是甜的，因此很难区别开来。但是，如果单独来区分的话，只需要用舌头品尝一下即可，糖精由于太甜，会有苦感，而蔗糖则不会。

科学小链接

糖精没有任何的营养，只是一种甜味剂，同时，它的主要成分——糖精钠，是一种对人体无益的物质。因此，大家应该少食用糖精。

铁血战士——炒菜还是用铁锅好

爸爸和妈妈在商场内商量购买一个炒锅。妈妈主张买铝锅，因为铝锅看起来干净、整洁；爸爸则主张买一个铁锅，因为铁锅不仅耐用而且实惠，同时还能够补充人体不可或缺的微量元素——铁。最后，商量的结果是妈妈听从了爸爸的意见，购买了一个铁锅。

奇奇在一旁听得一头雾水，便问爸爸："爸爸，你刚刚说铁锅能够补充人体不可或缺的微量元素，是什么意思？"

爸爸回答说："人体是由多种元素组成的。其中，碳、氢、氧、氮、钙、磷、钾、钠、氯及硫等主要元素占人体总重量的99.95%，其余的一些微量元素大约有40多种，占剩余的0.05%，这些微量元素包括铁、铜、锌、钴、锰、铬、碘、硒等。"

奇奇不解地问："我们身体内有铁元素？"

爸爸点了点头。

奇奇接着问："人体内的铁元素有什么作用呢？"

铁元素在人体中具有非常重要的作用，比如造血功能，它参与血红蛋白、细胞色素及各种酶的合成，促进生长；其次，铁还在血液中起运输氧和营养物质的作用。所谓的颜面泛出红润之美，就是因为铁元素的存在。如果人体内缺铁的话，就会发生小细胞性贫血、免疫功能下降以及新陈代谢紊乱等状况，严重时可导致缺铁性贫血，使人脸色萎黄，皮肤失去光泽。

为什么使用铁锅可以补充人体内的铁元素呢？使用铁锅烹调可以增加人体对铁元素的摄入量，这是因为用铁锅烹调食品时，会有微小的铁屑脱落和微量的铁溶出。但是，不要小看这微量的铁元素，对预防缺铁性贫血来说，也是有一定作用的。

具体来说，铁锅在加热翻炒、相互摩擦、相互碰撞过程中容易产生微小的铁屑，而锅内的酱汁会促进这些微小的铁屑渗透到食物中，从而使人们在吃饭的同时补充了铁元素。

但是，使用铁锅烹调时，对铁元素的量较难控制。首先，无法估计每天通过使用铁锅烹调可以增加多少铁的摄入量。其次，铁锅中的铁元素，人体吸收率较低，很难用于铁缺乏和缺铁性贫血的治疗和预防。因此，大家在选择预防缺铁性贫血的措施时，虽然可以考虑铁锅的有益作用，但是不应该把用铁锅烹调当作唯一的方法，而要以调整膳食结构和选择食用铁强化食品为主。

　　然而，有一种现象是不可忽视的，从来不使用铁锅的家庭比经常使用铁锅的家庭，在患缺铁性贫血方面的概率要高一些，这也说明了使用铁锅烹调在一定程度上可以补充一部分人体所需的铁元素。

 科学小链接

　　铁是人体制造红细胞的主要原料之一，不可缺少。富含铁的食物有瘦肉、猪肝、鸡蛋、海带以及芹菜、油菜、苋菜等绿色蔬菜，同时，一些水果也含有丰富的铁元素，比如干杏、樱桃等。

灯光闪烁——霓虹灯为什么是五颜六色的

　　晚饭后，奇奇和爸爸一起去散步，路边到处是五颜六色的霓虹灯。

　　奇奇问："爸爸，那些一直在闪的是什么灯啊？"

　　爸爸笑着说："那是霓虹灯。它主要用于各种场合的亮化、装饰，比如霓虹灯字和霓虹灯广告牌。"

　　奇奇问："为什么霓虹灯可以发出五颜六色的光呢？"

　　爸爸回答说："这是因为霓虹灯里充满了惰性气体。"

霓虹灯是一种特殊的低压冷阴极辉光放电发光的灯，它与日常生活中常用的荧光灯、高压钠灯、白炽灯等有很大的不同。霓虹灯是靠充入玻璃管内的低压惰性气体，在高压电场下冷阴极辉光放电而发光。

霓虹灯所发出光的颜色，是由其内部充入惰性气体的光谱特性来决定的。比如，灯管内充入氖气，霓虹灯就会发出红色光；充入氩气与汞蒸气，霓虹灯就会发蓝色、黄色等光。这两类霓虹灯都是靠灯管内的工作气体原子受激辐射发光。

惰性气体，又称稀有气体。惰性气体约占大气组成的0.94%。其中，大部分是氩气，其他气体成分更少。惰性气体主要包括氦(He)、氖(Ne)、氩(Ar)、氪(Kr)、氙(Xe)、氡(Rn)，特性均表现为无色、无臭以及气态的单原子分子。在元素周期表中，惰性气体为第0族，外层电子已达饱和，活性极小。在通常情况下，它们不与其他元素化合，而仅以单个原子的形式存在。

事实上，这些原子对于自己同类中的其他原子的存在也漠不关心，甚至不愿互相靠近到可以形成液体的程度。因而在常温下，惰性气体都不会液化，始终以气体的形式存在于大气之中。另外，惰性气体的熔点和沸点都很低，但随着原子量的增加，熔点和沸点则升高。它们在低温时，都可以液化。

惰性气体随着工业生产和科学技术的发展，越来越广泛地应用在工业、医学、尖端科技以及日常生活中。

利用惰性气体极不活泼的化学性质，工业上常用它们来作为保护气。比如，在焊接精密零件或镁、铝等活泼金属，以及制造半导体晶体管的过程中，常用氩气作保护气；原子能反应堆的核燃料钚，在空气里也会迅速氧化，也需要在氩气保护下进行机械加工；电灯泡里充氩气可以减少钨丝的气化和防止钨丝的氧化，从而延长灯泡的使用寿命。

惰性气体通电时会发光，世界上第一盏霓虹灯就是填充氖气制成的。由于氖灯射出的红光，在空气里透射力很强，可以穿过浓雾，因此氖灯常应用在机场、港口、水陆交通线的灯标上。

奇奇听完之后，高兴地说："原来霓虹灯是这样的！"

科学小链接

大家常用的荧光灯，与霓虹灯有着同样的原理，在灯管里充入少量水蒸气和氩气，并在内壁涂荧光物质而制成的。通电时，管内因汞蒸气放电而产生紫外线，激发荧光物质，使它发出近似日光的可见光，故人们称其为荧光灯。

水也有软硬之分

奇奇看到电视里正在播放硬水与软水的节目，感觉非常不可思议，便问爸爸道："爸爸，水怎么会有软硬之分呢？水都是软的呀，怎么会有硬水呢？"

爸爸回答说："硬水与软水是通过水中所含金属离子的浓度来区分的。"

初次听到硬水与软水时，很多人都会感觉到纳闷，难道水也有软硬之分吗？不错，水的确分为软水和硬水，只不过水的软硬不像一些物体，用手试一下便可知软硬。用手去试水的软硬，是分辨不出来的。因为，区分水的软硬，主要看水中所含钙、镁离子的浓度，而钙、镁离子都能溶解在水中，看不见，也摸不着。

硬水是指含有较多可溶性钙、镁离子的水。一般来说，硬水是指水中所含的矿物质成分多，尤其是钙和镁等金属盐。软水，顾名思义，指不含或含有少量钙、镁离子的水。

相关研究报告指出，硬水不会对人类的身体健康造成直接危害，但是会给生活带来很多麻烦。比如，家庭用的水壶里，在烧开水时会在壶底和热水瓶底部渐渐地结上一层坚硬的白色水垢，并且时间久了，水垢会越积越多，难以除去。除此之外，如果这种硬水使用在锅炉或蒸汽机车上，就会在锅炉底部和管道壁上形成一层碳酸钙或氢氧化镁的"硬垢"，从而使管壁过热变形，甚至导致锅炉和管道发生爆炸。

另外，从没有喝过硬水的人偶尔喝硬水，会造成肠胃功能紊乱。大家经常说的"水土不服"就是因为硬水的缘故。同时，用硬水烹调鱼肉、蔬菜，会因不易煮熟而破坏或降低食物的营养价值；用硬水泡茶会改变茶的色、香、味，进而降低其饮用价值；用硬水做豆腐不仅会使产量降低，还会影响豆腐的营养成分。

为什么水中会含有这些金属离子呢？

水原本是无色、无味、无臭、纯净的，由于水是天然的溶剂，与二氧化碳结合生成微量的碳酸时，它的溶解效果会更好。当水流过土地和岩石时，它会溶解少量的矿物质成分。而钙和镁就是其中最常见的两种矿物质，也就是它们使水质变硬。

当然，硬水并不是一无是处。在日常生活中，有很多的人买矿泉水喝，就是因为矿泉水里面含有一些微量元素。而硬水中的钙和镁都是人体不可缺少的元素中的微量元素。科学家们经研究发现，人的某些心血管疾病，如高血压和动脉硬化性心脏病的死亡率，与饮用水的硬度成反比，即水质硬度低，死亡率反而高。

其实，长期饮用过硬或过软的水都不利于人体健康。根据我国对饮用水

的规定，饮用水的硬度不得超过25度。我国采用的是"德国硬度"单位。若每一升水中含10毫克的氧化钙，就称为1硬度的水，写成1°H。只要你细心观察，在一些矿泉水的外包装上，通常能发现这些字样。

按水的硬度的高低，我国的地下水又可以分为特硬水、超高硬水、高硬水、硬水、微硬水、软水及极软水七类。

科学小链接

日常生活中的饮用水硬度过高，可以通过加热来降低其硬度。将水煮沸，并多煮一段时间，可将钙镁离子转化为沉淀除掉，从而使饮用水的硬度在一定程度上降低。

油条不宜多吃

早晨，爸爸从外面买回来香喷喷的豆浆和油条。奇奇洗漱完毕后，便大口大口地吃起来。

吃完之后，奇奇意犹未尽地说："爸爸，这油条太好吃了，以后我们每天早餐都吃油条吧？"

爸爸说："不行！油条还是要少吃，一周吃一次就行。"

奇奇非常不理解，说："为什么？油条这么好吃，而且也不贵。"

油条之所以不能多吃，和炸油条用的油以及油条的制作方法有很大的关系。

众所周知，有机物在高温的情况下，会产生一种强致癌物质——多环芳烃。这种物质既污染大气，又危害人体健康。而食用油在经过高温后产生的"油烟"中就含有这类物质。经油炸后，油条在浓油烟的环境下停留时间过久，就会含有这种致癌物质，长期食用对人体有害。

同时，油脂反复高温加热还会产生不少有毒物质。这是因为油脂反复高温加热后，其中的不饱和脂肪酸会转化成二聚体、三聚体的有毒聚合物。一些小贩在利益的驱使下，将同一锅油反复使用，用来炸油条，无形中油就成了这些有毒物质的"浓缩剂"，并且在油里的有毒物质会越来越多。这些有毒物质又进入到油条中，并最终进入人体。

另外，油条的制作方法也会使其营养成分丢失。油条在油炸过程中，其蛋白质都会被破坏，甚至会产生很多致癌物质，比如芳香类有机物。面中的维生素也会被破坏，导致人体从这些食物中得不到所需要的营养。此外，由于油条中含有过多油脂，容易引起肥胖，甚至会导致心血管疾病的发生和发展，比如糖尿病、高血脂等。长期食用油条，还会引起致癌物质在体内的蓄积，导致癌症的发生。同时，油条中所含的氧自由基会促进机体的衰老、起斑等，因此女性尤其要少吃。

知道了吃油条的坏处后，奇奇说："以后要尽量少吃油条了。"

科学小链接

多环芳烃是指具有两个或两个以上苯环的芳香化合物，包括萘、蒽、菲、芘等150余种化合物。

多环芳烃对人体的主要危害部位是呼吸道和皮肤。人们长期处于被多环芳烃污染的环境中，可引起急性或慢性的疾病。常见症状有日光性皮炎、痤疮性皮炎、毛囊炎及疣状赘生物等。

女儿国——都是"镉"在作怪

在《西游记》中，唐僧师徒四人经过一个叫女儿国的地方，这儿有一条喝了其中的水就能生孩子的子母河，这个场景留给奇奇无数的幻想。究竟"女儿国"是不是真实存在的？是吴承恩全凭天马行空的想象力虚构出来的，还是历史上果真有过这样一个"女儿国"呢？奇奇带着这些疑问请教了爸爸。

爸爸告诉奇奇："在现实生活中真的有'女儿国'。"奇奇一下子来了兴趣，爸爸便让奇奇坐下来，将女儿国的故事娓娓道来。

在我国福建省的一个偏远村子中，确实出现过"女儿国"。

那个村子总共有十几户人家，全村共49人，其中有男性20人，女性29人，他们是在1965年泉州兴建"惠女水库"时迁入的。

然而，此后，一个奇怪的现象发生了：

在落户的二十余年间，全村只有女婴出生，不见一个男婴降世。这个村子成为远近闻名的"女儿村"。为什么这么多年来村里人一直生女不生男呢？这个问题一直困扰着当地的居民。人们想到，这是否与他们日常饮用的井水有关系呢？

直到后来，有一户人家把家搬到了小溪边，不再喝井水了。第二年，他家出生了一个男婴。这件事在当地引起了极大的轰动。

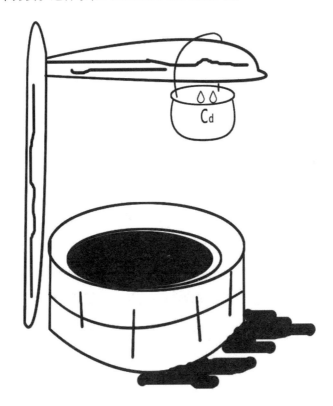

1989年，国家有关部门的科学家经过检测，发现井水中镉的含量过高。

镉，一种金属元素，化学符号为Cd，镉是银白色有光泽的金属，熔点为320.9℃，沸点为765℃，有很好的韧性和延展性，镉在潮湿空气中缓慢氧化并失去金属光泽，加热时表面形成棕色的氧化物层。

镉元素发现于1817年，是地球上重金属中除了汞以外地壳里最少的元素之一。

镉有较高的抗拉强度和耐磨性，在工业中用途非常广泛。镉镍合金是飞机发动机的轴承材料，很多低熔点合金中都含有镉金属。另外，以镍镉和银镉为主要材料的电池具有体积小、容量大等优点。镉具有较大的热中子俘获截面，因此含银、铟、镉的合金可作原子反应堆的控制棒。镉的化合物曾广泛用于制造颜料、塑料稳定剂、荧光粉等。另外镉化合物可用于杀虫剂、杀菌剂、颜料、油漆等制造业。

然而，由于镉具有毒性，会对呼吸道产生刺激，会造成嗅觉丧失症、牙龈黄斑或渐成黄圈；镉化合物不易被肠道吸收，但可经呼吸被身体吸收，积存于肝或肾脏造成危害，尤以对肾脏损害最为明显，还可导致骨质疏松和软化。

对于镉金属如何影响孩子的性别，科学家在分析中认为，当人体内含有一定量的镉时，男人体内的精子活动力受到损害，含X染色体的精子较含Y染色体的精子抵抗力相对较强，生存率也较高，所以它与卵子结合的机会就多，因此，才会更容易生女孩。

听了爸爸的讲述，奇奇恍然大悟地说："哦，原来如此啊！"

科学小链接

合金，是由一种金属与其他金属或非金属融合而成的具有金属特性的物质。根据组成元素的数目，合金可分为二元合金、三元合金和多元合金。中国在距今三千多年前的商朝就已经掌握了合金技术，而且非常发达。

灭火器为什么能灭火

邻居家因家用电器的质量不合格而发生了失火事故。

爸爸赶紧从家里拎出灭火器奔邻居家跑去，妈妈也赶紧拨打119，幸好火势不大，很快就被控制住了。

奇奇跑到楼道里的时候，看到爸爸手里拎着灭火器。

奇奇问："爸爸，灭火器里面装的是什么？是水吗？"

爸爸回答说："不是，是干粉。"

奇奇不解地问："干粉是什么？为什么它可以灭火呢？"

家庭生活中经常会配备一些灭火器，而干粉灭火器则是最为常见的一种灭火器。它是利用加压二氧化碳气体或氮气气体作动力，将筒内的干粉喷出灭火的。干粉灭火器内充装的是干粉灭火剂，干粉灭火剂是一种干燥且易于流动的微细粉末，由具有灭火功能的无机盐、防潮剂以及少量的添加剂经干燥、粉碎、混合而成微细固体粉末组成。

　　根据原料的不同，干粉灭火剂一般分为BC干粉和ABC干粉两大类。干粉灭火器不仅可以扑灭一般性火灾，还可以扑灭油、气等燃烧引起的火灾。

　　使用干粉灭火器灭火时，干粉中的无机盐的挥发性分解物与燃烧过程中燃料所产生的自由基或活性基团发生化学抑制和负催化作用，使燃烧的链反应中断而灭火；干粉的粉末落在可燃物表面，发生化学反应，并在高温作用下形成一层玻璃状覆盖层，从而通过隔绝氧来灭火。

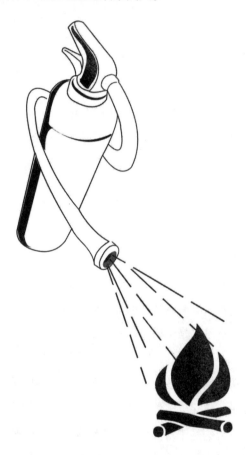

干粉灭火器最常用的开启方法为压把法。将灭火器提到距火源适当距离后，先上下颠倒几次，使筒内的干粉松动，然后让喷嘴对准燃烧最猛烈处，拔去保险销，压下压把，干粉便会喷出灭火。另外，还可用旋转法。开启干粉灭火器时，左手握住其中部，将喷嘴对准火焰根部，右手拔掉保险销，顺时针方向旋转开启旋钮，打开储气瓶，暂停几秒钟后，干粉便会喷出灭火。

科学小链接

存放干粉灭火器的地点应干燥通风，避免阳光照射和雨淋，并且要远离腐蚀性物质。同时，需要放在固定的地方并定期检查。若发现压力表指针低于绿色区域，则应及时检修。

第4章　趣味化学历史传奇

你知道古代的陶器是如何制作的吗？

你知道古代的炼丹术吗？

你知道香槟的由来吗？

你知道……

今天，带你走进历史，去了解化学的发展历程。

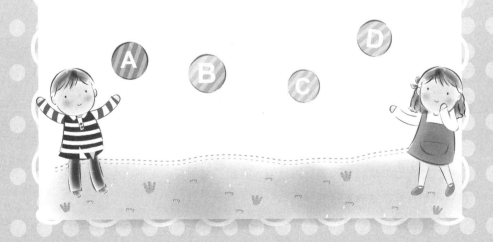

陶器的发明——古代化学的萌芽

化学并非是在某一时或某一地发展起来的，而是伴随着人类历史的发展，一步一步发展起来的。

陶器的发明是人类在长期的生活实践中，随着生产的发展、社会的前进一步步地发展起来的。而陶器的出现，则代表着古代化学的萌芽。

陶的制作工序与原始社会捏泥巴的过程有很大的不同。在选定陶土以后，将其进行加工，根据陶土的黏性人为地加进一些黏合剂，以改进陶土的成型性能，保证陶坯在高温焙烧时不开裂、不变形，提高陶器制作的成品率。

同时，配制好的陶土还要经过粉碎，这样有利于陶坯在受热过程中各种物理化学反应的进行，以便烧成的过程中获得致密的结构，减少坯体的气孔率，增强胎体烧成后的强度、硬度及密度。完成坯体的成型过程和修饰过程之后，还不算成品，需要进行装饰，然后进行焙烧。

在修饰的过程中，首先要用湿手抹平，从制作坯体开始，就蘸"水"往上抹，使坯面不至于过早因干燥而裂，还可使坯表面平整，并可接合缝条，填补毛坯空隙。但是，不宜蘸"水"太多，否则会使泥坯软塌。同时，使用拍子拍打，使高低不平的坯体表面填平补齐，并使泥料中的片状矿物平行于坯体表面，增加光线的平行反射，减少散射，进而出现光泽。接下来的工作就是通过彩绘对坯体进行装饰。

焙烧的过程并不是一个简单的过程，甚至可以说，陶器质量的好坏和烧制水平有很大的关系。中国古代的陶器一直走在世界前列，很大程度上与较高的火候控制技术水平有直接的关系。

从化学角度上看，烧制陶器的过程就是一个发生化学变化的过程。

陶器的原料主要是石英和长石，减少坯体的气孔率就是防止机质在被氧化后，生成二氧化碳气体逸出。一旦这样，陶器结构表面容易因为二氧化碳的逸出出现较多的孔隙，而出现空隙之后陶器就会非常容易破裂。

古人所说的"釉"是一种硅酸盐，将其涂在陶坯表面之后焙烧出的陶器，就可以达到像玻璃那样的光洁度。"釉"中加入颜色各异的金属氧化物，烧制出的陶器，便会呈现不同的色彩。这些不仅是古代劳动人民的智慧结晶，还是他们对化学最原始的认识。

除中国外，古罗马与古印度的制陶业也有较高的水平。比如，在古巴比伦，普遍地烧造砖瓦，这就反映了当时制陶工艺的进步和繁荣；古印度的陶器上常饰有优美的图案和动植物的花纹，且烧造得相当好。同时，还发现了一些坚硬的陶管和陶质的玩具。这些都表明陶器的制造在世界各地都得到了发展，同时也表明化学与人类的历史息息相关。

科学小链接

中国唐代的"唐三彩"把我国古代制陶技艺推向了顶峰。借助现代发达的化学知识，彩陶所使用的颜料，主要成分为铅丹、铅白、赭石及木炭粉。

金属冶炼——化学知识的高度应用

古代的金属冶炼是在新石器时代的陶器烧制基础上发展起来的。由于陶器烧制技术的发展，古人们已经能够利用近千度高温的陶窑来烧制陶器，同时也对炭的性能逐渐熟悉，能够借助外界条件将炭进行充分的利用，进而具备了冶炼金属的基本条件。

根据历史考察，在古代人类所利用的金属主要是铜合金。而冶铜则是人类认识和利用金属材料的开始，也是人们最早掌握的化学反应之一。从发现并使用天然铜矿，到冶炼铜矿而获得青铜合金，冶金化学便是由此而深入展开。

从目前人类挖掘到的青铜器中，数量以商、周时期为最多，技术也最成熟。从工具到农具，从兵器到礼器，再从生活用具到装饰品，都反映了青铜材料在当时社会生产力发展中的主导作用。

当时，冶炼铜主要采用的是一种被称为"胆水制铜法"的技术。"胆水制铜法"是一种从液体中冶炼铜的方法，这项技术是现代水法冶金的先驱。其方法将铁放在"胆水"中，进而冶炼得到铜。

这里的"胆水"是一种含硫酸铜的泉水，它的形成是因为天然的硫化铜矿石经风化氧化，一部分便会生成可溶性硫酸铜，经过地下水、雨水的浸泡与洗涤，便会溶解而汇入"泉水"中。这种"胆水"只要铜的浓度足够，就可以作为胆水法制铜的原料。

这种冶炼铜的方法在现代化学中称为置换反应，在汉代《淮南万毕术》中，就已经有了相关记载。"白青得铁即化为铜。"这里所指的"白青"是硫酸铜，也就是"胆水"。

在中国的冶金史和化学史上，铜具有一定的硬度和韧性，既可制作工具，又可制作兵器。同时，由于锡、铅的引入降低了冶铜的熔点，使青铜冶炼技术得到迅速发展。

科学小链接

古代冶炼铜的方法用化学反应直观地表现出来，即铁（Fe）与硫酸铜（$CuSO_4$）起反应生成铜（Cu）和硫酸亚铁（$FeSO_4$），而这就是化学反应中的置换反应。

长生不老与古代的炼丹术

在封建社会，随着生产力的发展，社会的物质财富越积越多，统治者对享受的要求也越来越高。这种情况下，王公贵族自然而然地希望能够永远享受下去。于是，便有了长生不老的愿望。历史记载，秦始皇不但让徐福等人出海寻找长生不老药，还召集了一大帮炼丹家日日夜夜为他炼制长生不老药。而炼丹家们为了迎合一些帝王、贵族的欲望，得到他们的鼓励和资助，在财力与物力都充足的情形下，日夜进行研究，而这则客观推动了炼丹术的发展。

古代炼丹家们所提倡的炼丹术，严格说来应称为黄白金丹术。它包含黄白术和金丹术两个部分。黄白术是指将一些金属（如铅、锡等）冶炼成为贵金属（如黄金、白银等）而得名；金丹术则是将某些金属和非金属矿物按一定比例按操作程序，反复炼化，所得到的化合物呈金、赤色，故称为金丹。

在这些炼丹家孜孜不倦的追求过程中，为了促进各种不同的化学变化，规定了各种操作规程，而这便是最初的化学变化资料。据资料记载，炼丹的方法分为"火法"与"水法"两种。

火法包括段、炼、炙、熔、抽、飞、伏等。其中："段"通"煅"，意思是长时间的高温加热；"炼"指干燥物质的加热；"炙"指局部烘烤；"熔"指加热熔解；"抽"，即蒸馏；"飞"，即升华；"伏"的意思是加热使物质改变性质。

水法包括化、淋、封、煮、熬、养、浇、渍等。其中："化"指溶化、溶解的意思；"淋"是指用水溶解固体的一部分；"封"指封闭反应物，并长时间静置；"煮"，顾名思义，让物质在大量热水中加热；"熬"，意思是在水中长时间加热；"养"是指长时间低温加热；"浇"，即倾出溶液让它冷却；"渍"意思是用冷水在容器外部降温。

然而，炼丹家并不是化学家，他们只是在利益的驱动下追求某种结果，而没有过多地去思考，深入研究。但是，由于炼丹家们日夜不停从事炼丹实验，并将经验与知识不断积累，为现代化学的建立创造了有利的条件，故炼丹术被看作现代化学的先驱。

科学小链接

在有关古代炼丹术的记述中，有这样一句话："积变又成丹砂。"用现代化学来解释，就是水银同硫黄化合，生成黑色硫化汞；然后，将其放在密封器皿中，升华为红色的晶体硫化汞，即所谓的"丹砂"。

古代医药化学的发展历程

在原始社会里，人类的祖先为了生存和种族的繁衍，在与大自然展开艰苦斗争的同时，对威胁自己生命的疾病也进行了坚持不懈的斗争，从而获得了越来越多的医药化学方面的知识，并经过不断积累，形成了一些约定俗成的医药化学常识。

根据考古发掘来看，人类最早的医药知识主要是药疗法和外伤治法。由于古人缺乏科学知识，往往会误食某些有毒的植物，导致腹泻、呕吐、昏迷甚至死亡的情况。比如，吃了大黄这种植物就会发生腹泻，吃了藜芦就会呕吐。情况反复发生，他们开始意识到所吃的食物之间会发生某种反应或存在着某种联系，如当再次发生腹胀、便秘时，就有可能想到用大黄来解除痛苦；当他们食积不化或误食有毒的东西时，就有可能考虑吃藜芦将这些东西吐出来。在他们多次尝试并获得成功时，便懂得大黄可用来治疗腹胀、便秘；藜芦可用来治疗食物不化和吐出有毒的东西。后来，随着古人尝试增多，医药知识便越来越丰富。

除此之外，古人在生产和狩猎中，由于经常与野兽或外族搏斗，因此会有外伤发生。最初，古人用泥土、树叶、草茎来敷裹伤口。不久，通过不同的敷裹物所产生的不同现象，古人逐渐发现了一些外用药，进而产生了外治法。在与疾病斗争的实践中，古人发明了用砭石、骨针刺病，于是产生了原始的针刺疗法；用烧热的石块对人身的局部加热，能起到缓解病痛的作用，从此产生了原始的热熨法；从高烧口渴时，喜食多汁液的瓜果中，产生出"养阴退热"疗法；从食欲不佳的人嗅到香气想吃东西，导致了芳香开胃治疗法等。

后来，随着炼丹术的出现，人类的医药化学知识得到了快速的发展，并开始向更高层次迈进。

到了秦汉时代，出现了一本中国医药化学史的巨著——《黄帝内经》。其中，有不少知识就来源于炼丹实验中的成果。东汉末年，张仲景所著的《伤寒杂病论》奠定了中医药理论基础，并一直指导着中医药的临床实践。然而，这本巨著的根源主要来自广大人民的长期医疗实践，同时也受到了中国古代哲学思想的影响。

后来，由于中国封建思想的影响，中医药化学的发展自明代后出现了缓步不前，甚至倒退的现象。但是，在这一时期，国外的医药化学开始起步并发展起来。

法国化学家巴斯德在研究中发现，酒石酸盐溶液中的真菌可以利用D型酒石酸，但不能利用其同分异构体L型酒石酸。后来，他从牛乳发酵液中发现一种灰白色物质，即酵母……这些探索与研究，促进了世界医药化学的发展和进步，而现代医药化学也由此而开始快速发展，并成为一门独立的学科。

科学小链接

五行学说是我国古代人民的智慧结晶。其中，五行相生相克理论就包含了不少化学原理，比如金生水、水生木、木生火、火生土、土生金。然而，到了近代，五行学说则更多地被作为带有浓厚迷信色彩的占卜术出现在人们的生活之中。

香槟的历史传奇

随着中西文化的交流，越来越多的西方饮食习俗开始出现在中国人的日常生活之中。比如，西方人在节日或重大的胜利时，总会开香槟进行庆祝。香槟是一种庆祝佳节用的酒，英语为"Champagne"，与快乐、欢笑及高兴是同一个单词。另外，香槟酒的味道醇美，可以在任何时刻饮，也可以搭配不同的食物。

根据西方一些史料记载，在凯撒大帝征服高卢时就已经出现香槟了。早期的香槟是无泡的，不过随着现代香槟的发展，人们越来越喜欢有泡的香槟。而发泡的原因，则是由于酒在密封的瓶中进行了第二次发酵。

在17世纪时，法国有个聪明的牧师，名叫丹姆·培里永。当时，他主管教会的财产与酒库。在一次偶然的机会，他改变了香槟的酿造工艺，于是出现了有泡的香槟。从这之后，有泡的香槟开始出现在西方人的酒桌和庆祝活动中。

　　由于有泡的香槟需要瓶内二次发酵来完成，因此用于酿造香槟的葡萄要先酿成静态没有气泡的白葡萄酒，然后装到瓶中并添加糖汁与酵母，在瓶中进行一次小规模的发酵，以使酒里产生气泡。

　　虽然从以上的记述来看，香槟的制作工艺并不难，但它的制作过程却是十分复杂的。首先，要选质量上乘的葡萄来作为香槟的酿造材料。其次，要对香槟的酿造材料进行合理的调配，而调配这一环节则是香槟酿造技术的精髓所在。为了保持香槟每年质量和口味的稳定，绝大多数的香槟都是将多个不同的年份、不同的品种、来自不同的产地的基酒混合在一起而成的。

　　葡萄酒的二次发酵是制作香槟的另外一个关键环节，即添加在瓶中的糖汁要在酵母的作用下产生酒精和二氧化碳。由于酒瓶是密封着的，因此这些少量的二氧化碳会慢慢溶解在酒中。然后，将酒瓶的瓶颈部分插入大约零下20℃的冷凝液中，沉淀物会在瓶颈迅速冻结成一块，此时将铁盖塞拔除后结冻块就会跑出来，香槟也就澄清了。此时，会有少量的酒流失，将酒瓶摆正补添入一些酒。添入酒主要是以原配的酒再加上一些糖酒，这些补添的糖酒是香槟的品味、甜度不同的决定因素。

经过复杂的程序，香槟就制作完成了。

科学小链接

在庆祝或节日时，使劲摇晃香槟酒后，再打开瓶盖，可以使香槟喷出很远，进而增加喜庆的气氛。

原子量的确定

原子量，是相对原子质量的简称。以一个碳12原子质量的1/12为标准，任何一个原子的真实质量跟一个碳12原子质量的1/12的比值，称为这个原子的原子量。

在化学发展史上，原子量的测定具有十分重要的地位。可以这么说，没有可靠的原子量，就不可能有可靠的分子式，也就不可能了解化学反应的意义，更不可能有后来的元素周期表。没有元素周期表，则现代化学，特别是无机化学的发展，是不可想象的。

原子量最早是由英国科学家道尔顿提出来的。他曾在一篇论文中写道："同一种元素的原子有相同的质量，不同元素的原子有不同的质量。"后来，道尔顿根据自己的研究，提出用一种元素的原子质量作为基准，对其他元素进行测定，同时，他选择用氢原子的质量作为相对原子量的基准。然而，由于当时的条件限制，这种方法没有得到响应。

1826年，瑞典化学家贝采里乌斯改为氧原子质量的1/100为基准，这一方法在当时得到了不少人的响应，但由于各种元素原子质量的测定存在偏差，因此没有得出一致的定论。后来，比利时化学家斯塔建议用氧原子质量的1/16为基准，大大降低了原来的1/100的难度，从而沿用了很长时间。

到了20世纪30年代，美国化学家吉奥克通过对氧的研究发现，天然氧中存在着 ^{16}O、^{17}O、^{18}O 三种同位素，它们在自然界的分布不完全均衡，因此用氧原子量的1/16作为基准受到了很大的挑战，很快便站不住脚，被人们弃用。后来，物理学界改用 ^{16}O 的1/16作为原子量基准，而化学界还沿用原来的基准。从此，原子量出现了两种基准。1940年，国际原子量委员会确定以1.000275作为两种标度的换算因子，即物理原子量 = 1.000275 × 化学原子量。然而，存在两种基准必然会引起学术研究中的混乱。

为了将标准统一，1959年，在慕尼黑召开的国际化学联合会上，化学家马陶赫建议以一个碳12原子质量的1/12作为原子量的基准，并提交国际纯粹与应用化学联合会考虑，后者于1960年接受这一建议。1961年，在蒙特利尔召开的国际纯粹与应用化学联合会上，正式通过这一新基准。1979年，由国际相对原子质量委员会提出了原子量的定义。

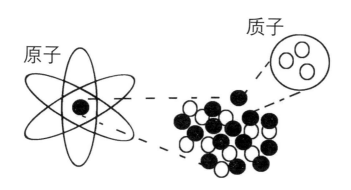

科学小链接

用一种原子的质量来衡量另一种原子的质量，两种不同原子的质量比，才是原子量。因此，原子量是没有单位的。比如，氢的原子量是1，碳的原子量是12，氧的原子量是16，氯的原子量是17等。

维生素A的来龙去脉

奇奇在吃饭的时候，妈妈时不时让他多吃些菠菜和胡萝卜。看着碗里的蔬菜，奇奇出现了畏难情绪，说："我喜欢吃肉，不喜欢吃这些菜。"

妈妈说："多吃些胡萝卜和菠菜，能够补充人体所需的维生素A。"

奇奇不解地问："维生素A是什么啊？"

在化学中，维生素A又称为视黄醇，是一种具有己环的不饱和一元醇，主要包括维生素A₁与维生素A₂两种。维生素A₁和维生素A₂结构上非常相似，维生素A₁的化学式为$C_{20}H_{30}O$，维生素A₂的化学式为$C_{20}H_{28}O$。

维生素最早出现在人们的视野中，是唐代孙思邈的《千金方》一书。早在1000多年前，孙思邈在《千金方》中记载动物的肝脏可以治疗夜盲症。而动物的肝脏中就含有大量的维生素A，只是当时还没有维生素的概念。

维生素的概念直到近代才被提出来。1913年，美国台维斯等四位科学家在无意中发现，鱼肝油可以治愈眼干燥症。同时，他们从鱼肝油中提取出了一种黄色黏稠液体，引起了学术界的关注。1920年英国科学家曼俄特将其正式命名为维生素A。国际上正式将维生素A看作营养上的必需维生素，缺乏会导致夜盲症。

夜盲症，顾名思义，就是在黑暗的环境中，眼睛视力很差或完全看不见东西。维生素A之所以能够治愈夜盲症，是因为它是脂溶性醇类物质，并有多种分子形式存在。其中，维生素A_1主要存在于动物肝脏、血液及眼球的视网膜中；维生素A_2主要在淡水鱼中存在。

维生素A是构成视觉细胞中感受弱光的视紫红质的组成成分，而视紫红质是由蛋白质和视黄醛组成。人体若缺乏维生素A，就会影响暗适应能力，如儿童发育不良、皮肤干燥及夜盲症等。

维生素A能够维持正常的视觉反应，维持上皮组织的正常形态与功能。同时，它还能够维持正常的骨骼发育，是人类不可缺少的一种营养成分。

科学小链接

　　维生素对女性而言尤其重要。它有维护皮肤细胞功能的作用，可使皮肤柔软细嫩，并有防皱、去皱效果。缺乏维生素A，会使上皮细胞的功能减退，从而导致皮肤弹性下降、干燥、粗糙以及失去光泽。

维生素B的故事

前面讲了维生素A，那会不会有维生素B呢？

维生素是一个庞大的家族，目前所知的维生素就有几十种，而维生素A与维生素B只是维生素家族中的两个普通成员。

维生素B又叫B族维生素，是某些维生素的总称，而它们常常来自相同的食物来源。

与维生素A不一样，维生素B有一个不小的家族，并且这些族中的成员都是水溶性维生素。它们协同作用，调节人体的新陈代谢，维持皮肤和肌肉的健康，增进免疫系统和神经系统的功能，促进细胞生长和分裂，预防贫血。

维生素B的家族中，主要包括维生素B_1、维生素B_2、维生素B_6、维生素B_{12}、烟酸、泛酸、叶酸等。这些B族维生素是推动人体内新陈代谢，把糖、脂

肪、蛋白质等转化成热量时，不可缺少的物质。如果缺少B族维生素，那么细胞功能就会马上降低，进而引起体内一些器官的运转障碍。这时，人体会出现怠滞和食欲缺乏。因此，由喝酒过多导致的肝脏损害，在许多场合下是和B族维生素缺乏症并行的。

那么在B族维生素缺乏的情况下，为什么过量饮酒会损害肝功能呢？

这主要是因为人体内的B族维生素被小肠吸收后，在肝脏中起着养护肝脏的作用。如果酒精摄入过多，就会损害肠黏膜使其吸收能力降低。即使小肠吸收了维生素，但由于肝脏功能降低了，好不容易吸收的B族维生素也发挥不了作用。这样就会导致肝细胞更加缺乏维生素，进而形成恶性循环。

因此，在一般情况下，如果人体缺乏维生素，那么饮酒就会引起肝功能方面的障碍，进而损害身体健康。

 科学小链接

对于B族维生素，大家需要注意一点，即B族维生素中的元素，并不都是人体必需的维生素，有些甚至不属于营养物质的范畴。

日常生活中的维生素D

在日常生活中，大家偶尔会遇到一些孩子患鸡胸、佝偻病，这都是缺乏维生素D引起的，需要补充维生素D。

　　维生素D是维生素家族中的一员，是一种固醇类衍生物。同时，它还是一种脂溶性维生素，有五种化合物。其中，对人体健康比较重要的是维生素D_2和维生素D_3。这两种维生素主要存在于部分天然食物中。另外，受紫外线的照射后，人体内的部分胆固醇能转化为人体所需的维生素D。

　　维生素D对人体而言，主要是通过促进钙的吸收来调节多种生理功能。经科学家研究表明，维生素D_3能诱导许多动物的肠黏膜产生一种特殊的钙结合蛋白，增加动物肠黏膜对钙离子的通透性，从而促进钙在肠内的吸收。

　　在人体内，维生素更多的是起到一种调节和促进的作用。比如，调节体内钙、磷代谢，维持血钙和血磷的水平，从而维持牙齿和骨骼正常的生长、发育。如果缺乏维生素D，易发生佝偻病、骨软化病、骨质疏松症等，需要补充维生素D。但是，如果过多服用维生素D，则会引起急性中毒。这时，就要吃一种叫苯巴比妥的药物来增加维生素D的代谢，加快其非活性代谢物的排出，减少体内维生素 D的储存。

另外，一些年纪稍大的人，喜欢服用安眠药来帮助入睡，但是长期服用安眠药也容易患有骨质疏松。因此，这些人应及早加服生理需要量的维生素D。

在日常生活中，含有丰富的维生素D的食物有鱼肝油、牛奶、蛋黄等，经常食用，能够满足体内对维生素D的需求，从而维持身体的健康。

科学小链接

在日常生活中，如果天气状况合适的话，应进行适量的日光浴。这是因为日光浴可促进维生素D的生成，从而满足人体内的需求。

第5章　趣味化学常识

你知道米饭为什么会越嚼越甜吗？

你知道酒是越陈越酸还是越陈越香吗？

你知道三笑逍遥散是真还是假吗？

你知道金刚石是由什么构成的吗？

你知道……

日常生活中，充满着很多富有趣味的化学知识，让我们来认识它们。

无声的病原——金属也会"得病"

爸爸从朋友那里借来一把锈迹斑斑的瓦刀，将家里墙角的一块损坏了的地板整修好了。

奇奇好奇地问："爸爸，你手里拿的是什么啊？"

爸爸回答说："这是瓦刀。瓦工干活用的工具。"

奇奇用手摸了摸，接着问："这把瓦刀上面是什么？那么粗糙。"

爸爸回答说："这是铁锈。"

奇奇继续问："铁锈是怎么来的呢？"

大自然中，不仅仅是铁，几乎所有的金属在一定的条件下，都会生锈。金属生锈的原因是其表面与空气中的氧气发生化学反应，生成金属氧化物的结果。这个过程又叫氧化反应。

金属表面的物质与空气中的氧气发生化学反应，生成金属氧化物，也就是锈。另外，金属中并非是纯金属，还含有不少杂质，而这些杂质会与金属发生化学反应，将金属氧化生成金属氧化物。

金属被氧化之后，由于性质的不同，有些金属生锈之后会产生致密的氧化膜，从而阻止其进一步氧化。比如，金属铝表面的氧化铝膜可以阻止其继续氧化，而这也是为什么很少见到铝制品像铁制品那样锈迹斑斑的原因。然而，有些金属被氧化之后产生的氧化膜较为稀松，从而加速了其继续氧化。例如，一旦铁的表面生了锈，空气中的氧会侵入内层，从而一点点地把铁"蚕食"掉。

铁容易生锈，除了由于其化学性质活泼以外，同时与外界条件也极有关系，水分是使铁容易生锈的条件之一。然而，只有水也不会使铁生锈，还需要与空气接触。因此，空气与水是铁生锈的必要条件。铁锈的成分很复杂，主要是氧化铁、氢氧化铁及碱式碳酸铁等。露在空气中的铁，其受潮部分很快被一种深褐色物质所覆盖，这种深褐色的物质就是铁锈。

铁生锈是无法避免的，只能通过一些科学的方法来减缓铁生锈的速度。而这就不难解释，为什么博物馆里陈列的古代铁器，几乎没有一件不是锈迹斑斑的；菜刀放在潮湿的空气中几个月不用，就会满身是锈。

别小看铁生锈，正因为此，每年世界上就有几千万吨的钢铁变成了铁锈。

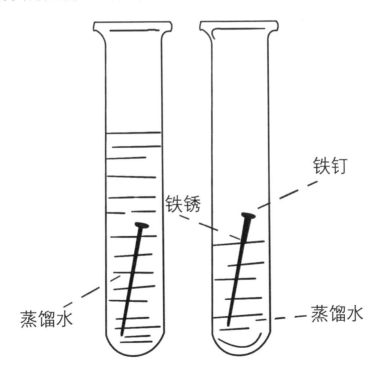

科学小链接

在日常生活中，可以通过一个小实验来验证铁生锈的条件。

首先，找两根铁钉，一杯蒸馏水；然后，将一根铁钉完全放进去，而另外一根不完全放进去。几天之后，你会发现，完全浸在水里的铁钉并没有生锈，而没有完全放进去的铁钉则生锈了，并且与水接触的地方生锈最严重。由此可以得出，铁生锈的必要条件是空气和水。

铅笔是用铅制作的吗

在上学时，大家经常会听到老师说："好记性不如烂笔头。"要求大家要经常动笔，边写边思考。不过，每天当拿起铅笔写作业时，大家对铅笔有多少了解呢？

与此同时，大家都听说过"铅中毒"，而"铅中毒"的病人则需要"排铅"。那么，大家所使用的铅笔与"铅中毒"有关系吗？铅笔是不是用铅制作的呢？

不用担心，大家用的铅笔是安全的。它不是用铅制作的，而是用碳制作的。那么，为什么称铅笔为"铅笔"而不是"碳笔"呢？这是因为在铅笔刚出现的时候，的确是用铅制作的。13世纪中期，罗马人曾用金属铅制成类似铅笔的铅棒。而这种类似铅笔的铅棒正是现代铅笔的雏形，它与其他物体摩擦后留下痕迹，用来画线和做标记。16世纪中期，英国人开始用石墨制作笔芯，并且手工制作出最原始的木杆铅笔。17世纪中期，德国人制作了世界上第一支具有现代意义的铅笔，它是用石墨与黏土制造的。

石墨的主要成分是碳，是碳的一种同素异形体。山东省莱西市是我国石墨重要产地之一，石墨探明储量为687.11万吨，现保有储量为639.93万吨。

在使用铅笔的时候，大家会发现铅笔的笔杆上印有H和B的字样，而大家常用的铅笔是HB铅笔。这是什么意思呢？

H与B是用来划分铅笔硬度的。而H与B则分别是英语单词中hard(硬度)与black(黑色的)的第一个字母。铅笔的硬度是以制作铅笔芯的石墨中掺入黏土的多少为标准的。而黏土是一种常见的增硬剂，即掺入黏土越多，铅笔越硬，反之则越软。

H值越高，铅芯越硬，字迹就越淡；B值越高，铅芯越软，字迹越明显，当然也越容易断，削时要小心。国家正规的考试，比如中考和高考的时候，要求使用2B铅笔涂答题卡，就是因为其字迹比较明显。

科学小链接

HB铅笔是表示黏土和石墨各占一半的铅芯，它是一种比较适合学生使用的铅笔，不易折断，写出来的字也比较清晰。

随处可见却价值连城的物质——碳

奇奇和爸爸、妈妈一起去参加舅舅的婚礼。在婚礼上，舅舅送给舅妈一枚钻石戒指。

回家的时候，奇奇问爸爸："钻石是什么啊？"

爸爸回答说："钻石是经过雕琢的金刚石，金刚石是一种天然矿物，是钻石的原石。简单地讲，钻石是在地球内部高压、高温条件下形成的一种由碳元素组成的单质晶体。"

奇奇问："那碳是什么呢？一定很贵吧。"

爸爸回答说："碳是一种很常见的元素。平时家里用来烧火的煤的主要成分就是碳，而钻石的主要成分也是碳。"

爸爸的回答让奇奇感到非常不可思议。

碳是一种非金属元素，化学符号为C，是无味的固体。在工业生产和医药制造上，碳及其化合物的用途极为广泛。

碳以多种形式广泛存在于大气和地壳之中，性质非常活泼，容易与其他物质反应，生成化合物。就单质碳而言，它的物理性质和化学性质取决于其晶体结构。比如，最常见的两种碳的存在形式是高硬度的金刚石和柔软滑腻的石墨，这两种物质的组成成分都是碳，但物理性质却截然相反，这主要是由于它们晶体结构和键型不同。

另外，在常温状态下，单质碳的化学性质不活泼，不溶于水、稀酸、稀碱以及有机溶剂；与氧发生反应，可以生成二氧化碳或一氧化碳；在卤族元素中，只有氟能与单质碳直接反应；在加热状态下，单质碳较易被酸氧化；在高温状态下，碳还能与许多金属反应，生成金属碳化物；碳具有还原性，在高温下可用于冶炼金属。

碳单质很早就被人类认识、利用，比如日常生活中的煤就是碳的一种存在形式。但是，碳的颜色并非是黑色，甚至可以说它没有固定的颜色，碳的存在形式有黑色的石墨，有无色的金刚石。

碳的存在形式是多种多样的，有以单质碳存在的物质，比如金刚石、石墨；有无定形碳，如煤；以化合物存在的有复杂的有机化合物，如蛋白质、脂肪等；有碳酸盐，如大理石等。

根据目前人类发现的物质来说，碳是一种最为特殊的物质，同素异形体就有多种，而且各同素异形体的化学性质和物理性质截然不同。

科学小链接

目前，大多数工业用金刚石，都是人为加工制作的。由于天然的金刚石都是在地层深处的强大压力及其他复杂的物理条件下产生的。根据这个原理，很多科学家模拟地层深处的环境，通过人工制造的高温高压环境，把石墨转变成金刚石，甚至有科学家利用炸药产生的高温高压来制造金刚石。

米饭为什么越嚼越甜

天气热了，奇奇不愿意吃饭。看着面前的一碗米饭，一点儿食欲都没有。

妈妈对奇奇说："快点吃，米饭是甜的。"

奇奇说："是不是放糖了？"

妈妈回答说："没有放糖啊，米饭即使没有放糖也是甜的。"

奇奇摇了摇头。

妈妈接着说："只要你细细咀嚼，就会感觉到米饭的甜味了。"

奇奇按照妈妈说的去做。果然，细细咀嚼了几下后，米饭真的有点甜了。奇奇不解地问："妈妈，这是怎么回事啊？"

米饭是中国人的主食之一，大家几乎天天都会吃米饭，但这并不代表大家对米饭很熟悉。比如，对米饭的味道，通常大家会认为米饭没有甜味，但只要大家细细品尝米饭，长时间地咀嚼，就会感觉到米饭有一种甜味。这是为什么呢？

米饭的主要成分是淀粉。淀粉是葡萄糖的高聚体，在餐饮业又称芡粉。淀粉水解到二糖阶段，可以得到麦芽糖，化学式是$C_{12}H_{22}O_{11}$；完全水解后则会得到葡萄糖，化学式是$C_6H_{12}O_6$。淀粉是植物体中储存的养分，一般储存在种子和块茎中。

米饭中的淀粉在咀嚼过程中发生了变化，这是因为唾液里含有淀粉酶。酶是一种特殊的蛋白质，对某些化学反应具有催化作用。淀粉酶在常温下能很快使淀粉分解成结构简单的麦芽糖。麦芽糖是碳水化合物的一种，有甜味，甜度约为蔗糖的1/3。正是由于麦芽糖的作用，使原来并不甜的米饭，渐渐地出现了甜味。

也可以说，米饭变甜是由于唾液中淀粉酶的作用。除了米饭之外，北方常食用的馒头，如果你细细咀嚼，同样可以体会到甜味。

科学小链接

　　一些高血糖病人认为吃米饭会加重胰腺的负担，进而诱发糖尿病，因此选择长期少吃米饭或不吃米饭。其实，这种做法是不科学的。不吃米饭会导致人体对碳水化合物的摄入不足，反而不利于控制血糖，也不利于肥胖症、高血脂、冠心病等慢性病防治。正确的做法，不是不吃米饭，而是要控制米饭的摄入量，进而达到营养均衡。

人体里的化学元素

　　人类的身体里都有哪些化学元素呢？

　　根据现代科学的测定，在人体里已经发现的化学元素超过六十种。其中，主要包括氧、碳、氢、氮、钙、磷、钠、钾、氯、镁、硫等元素，这些化学元素叫作人体必需的主要元素，约占人体的99%。其余的部分，则是一些微量元素，约占人体的1%，主要有铁、铜、锌、碘、氟、锰、溴、硅、铝、砷、硼、锂、钛、铅等元素。

　　占人体99%的主要元素中，氢和氧占有绝大部分。众所周知，水是由氢和氧两种元素组成的。一个体重60公斤的人，大约有36公斤的水，而其中氧就占32公斤，况且身体其他不含水的部分也含有氧。

　　另外，一切生命都离不开蛋白质。那么蛋白质主要包含那些元素呢？

　　蛋白质的主要成分是氮。由于人的头发、指甲以及体内的各种酶、激素、血红蛋白都是蛋白质，因此可以说氮是生命的基础。

　　除了氮元素之外，人体内还有一种重要的元素——碳，它在人体中占18%。

　　人在正常的呼吸过程中，吸入的是氧气，呼出的是二氧化碳，这是人体中的碳元素与空气中的氧元素发生化学反应的结果。人的机体从头到脚，从里到外，几乎都是由有机化合物组成的。

　　钙元素同样是人体内不可或缺的元素。人能站立，能够自由活动，是靠体内的骨骼支撑的，假如没有骨骼，人的体形是很难设想的。然而，骨头的主要成分是磷酸钙，所以钙在人体内部发挥着重要的作用。试想一下，当骨头中缺少足够的钙与磷时，骨质就会软化。大家所说的强身健体，在很大程度上就得益于体内的钙。另外，血液中也含有一定量的钙离子，假如没有它，皮肤划破了，血液就会很难凝结。

磷元素在体内也发挥着重要的作用。大家常说的"鬼火"，就是人在死后，体内产生的磷化氢自燃造成的一种自然现象。磷在人体和生命发挥着重要的作用，如果骨头里失去了磷，人体就会缩做一团；肌肉失去了磷，就会失去运动能力，无法进行运动；在大脑组织中，也有许多磷的化合物——磷脂，如果大脑失去了磷，人的一切思想活动就会立即停止。

除了这些元素之外，人体内还有数量很多的微量元素。假如人缺少了微量元素，身体同样会出现这样或那样的病症，对人的健康造成危害。

科学小链接

如果你的手指破了，吸吮一下血液，会感觉到血液有一种咸味，这是因为血液内含有大量的钠离子。而这也是人天天都需要吃盐的原因。正常的人每天要摄入约6克的盐。食盐的化学成分是氯化钠。人吃盐，就是为了吸收食盐里的钠离子。人体里如果缺少必要的钠离子，就会浑身没力气，造成一系列组织器官的功能紊乱，影响神经和肌肉的活动，严重的还会导致休克、死亡。但是食盐的摄入量也不宜过高。

水能灭火，亦能助燃

一个偶然的机会，奇奇发现自己所住小区负责供暖的工人师傅往即将使用的煤块上面洒水，弄得煤块湿漉漉的。

奇奇很不理解，心想："难道工人师傅不想给我们供暖了？所以才将煤块都泼上水？"想到这里，他赶紧跑回家。

刚进家门，奇奇就说："不好了，爸爸，我们家的暖气快要没了，我刚刚看到负责供暖的工人师傅往煤块上洒水。"

爸爸听后哈哈大笑，说："工人师傅那是想让煤块烧得更旺一些。"

奇奇非常疑惑，水是用来灭火的，怎么可能会使煤块烧得更旺呢？

在日常生活中，人们常说："水与火势不两立。"意思是说水与火是死对头，二者是无法共存的事物，而水经常用来灭火就是最好的证明。无论什么地方发现火灾，只要消防车能隆隆地开去，将水喷在火上面，火便会很快熄灭。然而，为什么水在某些时候却能够助燃呢？就好比上面事例中的煤块，为什么要洒上水呢？

看下面这个常见的事例：在日常生活中，大家使用煤炉的时候，如果不小心，将水洒在煤炉上，这时火不但没有小，反而猛地变成了一个火团向上蹿。这就是水助燃的现象。可是，水为什么能够助燃呢？

这是因为少量的水在遇到大量烧得通红的煤炭时会生成水煤气。水煤气的主要成分是一氧化碳和氢气，这两种气体一遇到明火就会立刻燃烧起来，从而使火烧得更旺。

简单地说，煤块的主要成分为碳，当碳在高温燃烧的过程中遇到水时，就

会发生激烈的化学反应，生成一氧化碳和氢气。其化学反应式如下：

$$C+H_2O == CO\uparrow +H_2\uparrow$$

另外，有时候，往一些液体燃料油中加入一些水，不仅不会减少这些液体燃料油燃烧所放出的热量，还会使其火焰烧得更旺。此现象的原理就是当油燃烧时，水受热变为水蒸气，膨胀的水蒸气将油滴"炸得粉碎"，从而使油与空气混合成了油气。这样一来，便使油与空气中的氧气混合得更充分，燃烧当然进行得更迅速，而火焰也就更旺了。

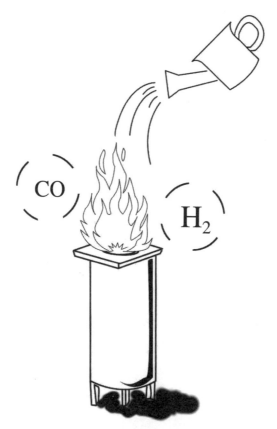

使用这种方法，人们可以使劣质的燃料油和废弃的石油得到利用。同时，还可以将含有大量可燃性成分的污水补加适量的重油，作为燃料使用。这样既处理了污水，保护了环境，又增加了燃料的来源，真可谓是一举两得。

科学小链接

当发生油性火灾时，不能用水进行灭火。一是，因为油和水不相溶，而且油比水轻，会浮在水面上，起不到隔绝空气的作用；二是，因为有水托着，油的表面积反而会更大，所以其接触空气的面积会更大，火也就燃烧得更旺了；三是，如果用水灭火，那么油借助水反而会燃烧得更旺。

小孔的秘密

奇奇与爸爸妈妈一起去超市购物的时候，非常想买一包非常甜的面包。妈妈却以吃过多甜食对健康不利为理由，不给奇奇买。但是，奇奇不依不饶，将那包面包抱在怀里不愿意离开。

爸爸说："奇奇，这包面包不是不可以买，但你要回答一个关于面包的问题。如果你回答出来，那么爸爸就给你买。这样如何？"

奇奇点了点头。

爸爸问："为什么面包里会有那么多的小孔呢？"

奇奇想了想，摇摇头，只好跟着爸爸妈妈离开了超市。

在日常生活中，大家经常能够在一些松软的食物中，比如面包、蛋糕、馒头，看到有许多小孔。然而，这些小孔是如何形成的呢？

可以肯定地说，这些小孔的形成都是由于受到一些气体的影响。下面拿大家经常食用的面包来说。

想要使面包变得松软，就需要让面粉发酵。而要使面粉发酵，就需要在和面时加入酵母。在发酵的过程中，酵母会发生反应，产生大量二氧化碳气体。而二氧化碳气体受热以后，就进一步膨胀。这样，面包内部就会因为二氧化碳气体的膨胀而逐渐松软。

同样的道理，蛋糕和馒头的原料也是面粉，而要使面粉发酵，也需要在和面时加入酵母，同时，还要加入小苏打。小苏打在受热时，也会分解产生二氧化碳气体。二氧化碳气体使蛋糕和馒头里有了大小不同的气孔。

松软的食品不仅口感好，还有非常饱满的外观，能给人留下深刻的印象。

科学小链接

碳酸氢钠，俗称小苏打，是一种白色细小晶体，固体50℃以上会发生分解，生成碳酸钠、二氧化碳及水。碳酸氢钠是强碱与弱酸中和后生成的酸式盐，故溶于水时呈弱碱性。常利用此特性作为食品制作过程中的膨松剂。但是，碳酸氢钠在反应后会残留碳酸钠，因此使用过多会使成品有碱味。

酒是越陈越酸还是越陈越香

奇奇的爸爸有一瓶好酒，他喝了半瓶后便放在了酒柜里面。后来，由于有其他好酒喝，他便把这半瓶酒忘记了。

直到有一天，妈妈在收拾家的时候，发现了这半瓶酒。打开之后，发现这半瓶酒变酸了，已经不好喝了。

奇奇问："爸爸，酒怎么会变酸呢？不是说酒越陈越香吗？"

酒被放酸和越陈越香都与一种叫醋杆菌的细菌有关。其中，酒放的时间长了会变酸，是因为酒在醋杆菌的作用下发生了化学变化。

酒的化学成分是乙醇，一般含有微量的杂醇和酯类物质，食用白酒的浓度通常在60度以下。

在空气中，漂浮着一些腐败类细菌，比如醋杆菌。当醋杆菌随着空气溶解到酒中，并大量繁殖时，会导致酒发酵，促使乙醇与空气中的氧气缓慢地发生氧化反应。这个过程分两步进行，先是乙醇被氧化成乙醛，随即乙醛又继续被氧化成乙酸。

乙酸俗称醋酸，是一种有机化合物，是食醋内酸味及刺激性气味的来源。在家庭中，乙酸稀溶液常被用作除垢剂。酒变酸的原因就是酒中的部分乙醇转化成醋酸的缘故。

然而，在日常生活中，大家经常会听到懂得品酒的人说："好酒越陈越香。"其实，此说法也是正确的，同样与醋杆菌有关，酿制好的酒被密封保存之后，酒在醋杆菌的作用下，仅有少量被氧化生成醋酸。然而，这些少量的醋酸会与酒精发生缓慢的反应，生成具有香味的乙酸乙酯。日子越久，生成的乙酸乙酯越多，正是因为其香味的存在，酒就会越陈越香。

科学小链接

苹果、梨等水果烂了后，往往会有股酸味，这也是醋杆菌在作怪。醋杆菌使水果中的果糖发酵生成乙醇，又促成乙醇经一系列的氧化而变成醋酸。

是否真的会笑死

在电视剧《天龙八部》里，星宿派创始人丁春秋自创的奇门毒药——三笑逍遥散，以诡异的手段和霸道的毒药摧毁对手，中毒的人会不自觉地发笑。

看到这里的时候，奇奇羡慕地说："我要是有三笑逍遥散的话，那该多好啊。"

爸爸说："其实，世界上的确有类似三笑逍遥散的东西，能让人不自觉地发笑。"

奇奇立刻来了精神，问："那是什么东西呢？"

爸爸笑着回答说："是笑气！"

一氧化二氮又称笑气，是无色、有甜味的气体，是一种氧化物，化学式为 N_2O，有轻微麻醉作用，并能致人发笑。关于笑气的发现过程，还有一个非常有意思的故事。

在1799年的一天，英国化学家戴维在实验室中偶然间制得了一种气体。为了弄清楚这种气体的一些物理性质，戴维凑近瓶口闻了闻，突然不由自主地大笑起来。为了验证此气体的特殊功能，戴维跟自己的朋友开了一个玩笑。戴维把朋友请到了自己的实验室，并告诉他自己发现了一种非常好闻的气体。说完便拿出了一个小玻璃瓶，戴维的朋友十分好奇，就打开瓶塞嗅了嗅，然后不由自主地大声笑了起来，好一会儿才止住。

后来，经过戴维的研究，发现笑气有麻醉镇痛的作用，于是笑气成为人类最早应用于医疗的麻醉剂之一。然而，在手术过程中，借助笑气虽然减轻了痛苦，却常常可以听到病人一阵阵歇斯底里的狂笑声。并且，在手术结束之后，还会引起病人的各种不良反应。

随着科技的发展，笑气的真实面目也展现在世人的面前。笑气对人类而言，没有什么危害，但如果吸入过多，或者是当病人有低血容量、休克或明显的心脏病时，笑气会引起严重的低血压。另外，笑气对有肺血管栓塞症的病人也是有害的，需要谨慎使用。

随着麻醉技术的发展，能够用于麻醉的药物也逐渐被发现、使用，而笑气则逐渐退出医疗领域。

另外，笑气是一种具有温室效应的气体，是《京都议定书》规定的6种温室气体之一。笑气在大气中的存留时间长，并可输送到平流层。同时，笑气也是导致臭氧层损耗的物质之一。

与二氧化碳相比，虽然笑气在大气中的含量很低，但其单分子增温潜势却是二氧化碳的310倍。笑气对全球气候的增温效应在未来将越来越显著，其浓度的增加，已引起世界各国科学家的极大关注。

科学小链接

人如果吸入过量的笑气后，会出现局部刺激症状，如咽喉发热发麻、刺激性咳嗽等，继之出现头晕、恶心、呕吐、胸疼等较为严重的症状，需要立刻转移至通风良好处吸氧。

第6章 与化学有关的成语知识

你知道炉火纯青的意思吗?

你知道"信口雌黄"中的"雌黄"指的是什么吗?

你知道为什么百炼才能成钢吗?

你知道金子真的不怕火炼吗?

你知道……

今天就带你走进与化学有关的成语，去了解其中丰富有趣的化学知识。

炉火纯青是什么意思

奇奇准备参加学校举行的投篮技巧比赛。经过一段时间的锻炼之后，奇奇信心满满地表示自己一定能够得冠军。

爸爸问："奇奇，你准备得怎么样了？"

奇奇自信地回答："已经练到了炉火纯青的地步了，你和妈妈等着我胜利的消息吧。"

爸爸笑了笑，说："还学会用成语了，你知道炉火纯青是什么意思吗？"

奇奇回答说："学习、技术、技巧达到了纯熟、完美的境界。对吧？"

爸爸高兴地点点头，说："对！但是，炉火纯青还包含着另外一层意思，你知道吗？"

奇奇摇了摇头。

古代，随着一些统治者梦想着长生不老，炼丹开始出现。当时的炼丹术士们都是使用烧炉子的方法，即加热进行炼丹。慢慢地，炼丹术士们就了解了关于火焰的一些知识。使用木柴或碳加热丹炉，温度在500℃以下时，炉火呈暗黑色；升至700℃时，炉火呈紫红色；再升到800℃时，炉火由红变黄；1200℃时，炉火发亮且逐渐变白；升至3000℃时，炉火呈明亮的白色，即所谓"白热化"；当温度超过3000℃，炉火就会变成蓝色，这是燃烧的温度最高阶段，即"炉火纯青"。

有一个事实不能忽视，在古代，由于条件的限制，炼丹术士们用的炉子很难达到或承受如此高的温度，因此"炉火纯青"只能是炼丹术士们的梦想。

为什么说炉火的颜色会随着其温度的变化而发生变化呢？

这是因为火焰属于热辐射光源。热辐射光源是发光物体在热平衡状态下，使热能转变为光能的光源，如白炽灯、卤钨灯等。而一切炽热的光源都属于热辐射光源，包括太阳光、黑体辐射等，其特点是产生连续的光谱。

温度不同，说明单位体积功率不同。而温度越高，则光谱中含高频成分比重增加，故显示的颜色不同。

在化学工业中，一般来说，提高温度有利于绝大多数化学反应的加速进行，但是，过分提高温度并不一定是最科学的方法。有时候，为了使反应顺利进行，可以采用一些催化剂来提高化学反应的速率，而不一定要单纯地依靠提高反应温度。

古代的炼丹术士们不懂得使用催化剂，因此往往认为火焰达到"炉火纯青"的时候，就能够炼出长生不老药。实际上，由于古代燃烧材料的限制，无论炼丹术士们如何努力，"炉火纯青"也只能是一个美好的愿望。

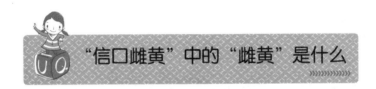

科学小链接

在饭店吃饭的时候，如果大家点了需要在下面进行持续加热的菜，那么可以留意一下其火焰的颜色，以推算出火焰的大致温度。

"信口雌黄"中的"雌黄"是什么

爸爸和朋友在客厅里谈论工作。当谈到一个生意上的对手时，爸爸的朋友说道："那个人总是信口雌黄，因此让人难以相信。"

在一旁玩耍的奇奇记住了这个词。

爸爸的朋友走后，奇奇问："爸爸，信口雌黄是不顾事实、随口乱说的意思吗？"

爸爸点了点头，问："你是怎么知道这则成语的呢？"

关于信口雌黄这则成语，还有一段故事。

晋朝时，有个叫王衍的县令。他在担任元城县令时很少办理公事，经常约人在一起没完没了地闲聊。由于他最喜欢老子和庄子的玄理，因此在闲聊时手里拿着鹿尾拂尘，侃侃而谈，但却经常前后矛盾、漏洞百出。当有人质疑时，他便随口更改，无所顾忌。因此，周围人都说他是"口中雌黄"。

为什么要说雌黄，而不说雌黑呢？

原来，雌黄是一种化学物质，主要成分是三硫化二砷，化学式为As_2S_3，有剧毒，颜色金黄鲜艳，是一种很早就被发现的重要的含砷化合物。灼烧时，会产生青白色的带强烈的蒜臭味的烟雾。

雌黄这种物质，在古代主要是用来改正写在纸上的错字。在竹简、木简的时代，文人用刀笔刮削来改错字。使用纸张以后，如果将错字进行刮、洗的话，容易损坏纸张；用纸粘的话，容易脱落；用粉涂抹，又盖不住浓墨。由于当时的纸多半是黄色的，因此如果用雌黄来涂，会使字迹消失，其色又与纸张颜色相近，类似于现代的涂改液。

在古代，雌黄是古代炼丹术士炼丹时的主要原料之一，故又称之为黄龙血、帝女血等。东汉的《神农本草经》则将雌黄视为药物的中品，能医治寒热、恶疮、痂疥等。

在现代工业中，雌黄广泛用于玻璃、彩釉等工业生产中，并发挥着重要的作用。

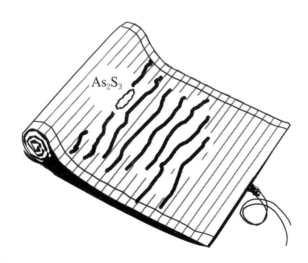

科学小链接

同学们经常使用的涂改液，一般含有二氯甲烷、三氯乙烷及对二甲苯。这些物质均易挥发，游离于空气中，特别是气态被人吸入后，会引起慢性中毒，引起头痛、嗜睡、恶心等，严重的还会引起全身不适、抽搐、呼吸困难，故应尽量少使用涂改液。

为什么百炼才能够成钢

>>>>>>>>>>>>>

　　早晨，奇奇和爸爸一起去跑步。奇奇跑了几百米之后，就已经气喘吁吁了，而爸爸还是像刚开始跑那样健步如飞。跑了很大一会儿，爸爸却丝毫没有喘粗气的迹象。

　　奇奇不由得佩服爸爸的耐力，说："爸爸，您真厉害。您的体力是怎么练出来的啊？"

　　爸爸笑着说："在日常生活中，要坚持锻炼，百炼成钢！"

　　奇奇问："百炼成钢是什么意思？为什么百炼才能成钢呢？"

　　百炼成钢是一则成语，意思是说铁砂只有经过多次冶炼才能成为纯钢。比喻只有经过长期、艰苦的锻炼考验，才能成为坚强、有用的人。

　　为什么是百炼成钢，而不是成铁或成金呢？这与我国古代的冶铁和炼钢有很大关系。

几千年前，我国古人已经掌握了冶铁技术。古代的炼铁方法是在较低的冶炼温度下，将铁矿石固态还原获得海绵铁，再经锻打成为铁块。这里的低温并不是指零度以下的温度，而是在相对于炼铁所需的温度以下，指在650～1000摄氏度之间。

具体的炼铁方法是将铁矿石和木炭一层夹一层地放在炼炉中，在低温下焙烧，利用木炭的不完全燃烧产生的一氧化碳使铁矿石中的氧化铁还原成铁，冷却后，取出铁块，这种炼铁方法叫块炼铁。

然而，此时的铁块并不能用作正常的使用，因为用这种方法炼得的铁质地疏松，另外还夹杂着许多杂质，不具有坚韧的性能。

为了改善这个问题，古人经过千百次的实践，发现将这种铁加热到一定温度下，经过反复锻打，就可以使铁的硬度得到了改善。在反复锻打铁块的基础上，古人又得出块炼铁渗碳成钢的经验，而这就是最早的钢。

两汉时期，为提高钢的质量，人们又增加了锻打的次数，由十次、三十次、五十次增至近百次，从而得到所谓的"百炼钢"。

这些反复锤炼得出好钢的方法反映了古人的智慧。宋代沈括在《梦溪笔谈》中记载："但取粗铁，煅之百余火，每煅称之，至累煅而斤两不减，则纯钢也，虽百炼不耗矣。"

科学小链接

有的时候，大家可以见到铁匠师傅们在反复锤炼一块烧红的铁之后，会放到冷水里，等冷却之后，继续烧红，然后捶打，周而复始，要反复很多次。其中，将烧红的铁放到冷水里冷却的过程叫淬火。淬火的目的是强化钢件，充分发挥钢材的性能，提高其耐蚀性等。

"甘之如饴"中的"饴"指的是什么

爸爸妈妈和奇奇约好，周末要去游泳。结果，爸爸爽约了，理由是他要去公司处理一些事情。

奇奇很失望，妈妈说："没有关系，妈妈陪你去，既然爸爸甘之如饴，那就我们两个出去放松一下了。"

奇奇不理解妈妈说的是什么意思，就问："妈妈，甘之如饴是什么意思啊？"

甘之如饴一般用来比喻心甘情愿地从事某种辛苦的工作。那么，什么是饴呢？

在化学中，饴即麦芽糖，是一种较早得到利用的糖类化合物，通过风干的麦芽或谷物发酵而得。

早在春秋战国时期，就已经有关于麦芽糖的记录了，如《尚书》中记载："稼穑作甘。"其中，甘就是指饴糖。当时制造麦芽糖的方法和程序，现在已无从考究。但可以肯定地说，制造麦芽糖的工序比较复杂，在当时能够通过复杂的工序制造出来，足以看出我国古人是多么的了不起。

糖是一种由碳、氢、氧所组成的碳水化合物，分为单糖、双糖及多糖。其中，不能再水解的为单糖，如葡萄糖；由两个单糖分子缩合而成的为双糖，如蔗糖、饴糖；由多个单糖缩合而成的为多糖。

糖类对人体起着非常重要的作用，其主要功能是提供人体所需的能量。据科学家研究，1克糖在体内氧化可以产生16.7千焦能量。

糖类是人体从膳食中取得热能最经济的方法，也是最主要的能源供应途径。糖类与蛋白质、脂肪在体内的代谢有着密切的关系。如果食物中糖类供应不足，机体将不得不动用蛋白质来满足活动所需的能量，而这将影响机体合成新的蛋白质以及组织更新的速度。

　　糖类是构成人体组织的重要物质，如它与蛋白质结合形成的糖蛋白是细胞膜上的重要组成物质之一。它还参与人体细胞的多种代谢活动，是人体生命活动中不可缺少的物质。

　　糖类在人体内主要以葡萄糖或糖原的形式存在。食物中摄入的或机体通过自身转化合成的葡萄糖，在机体需要能量和组织供氧充足时，才能氧化分解释放出全部能量，其最终代谢产物是二氧化碳和水。二氧化碳从肺中呼出，水分则由肾脏排出。

　　糖对女性而言还能起到美容的作用，民间有句话说："男人不可一日无姜，女人不可一日无糖。"按中医理论，姜是助阳之品，它含有挥发性姜油酮和姜油酚，有活血、祛寒、除湿、发汗的作用。"女人不可一日无糖"中的"糖"指红糖，中医营养学认为，性温的红糖通过"温而补之，温而通之，温而散之"来发挥补血的作用。因此，女人常吃红糖，对身体是非常有好处的。

科学小链接

　　小孩吃适量的糖对身体有一定的好处。但是，如果摄入量过多的话，不仅会损坏牙齿，影响食欲，还会影响身体的生长发育，适得其反。

此地无银三百两

晚饭后，妈妈给奇奇讲了一个"此地无银三百两"的故事。

从前，有个叫张三的人，喜欢自作聪明。他把自己辛苦挣来的三百两银子埋在地下。埋好后，他还是不放心，害怕别人怀疑这里埋了银子，就在上面留了张字条，上面写着"此地无银三百两"七个大字。

邻居王二知道了这件事，就悄悄地偷走了银子。回家后，他担心张三怀疑自己偷了银子，便也留了张字条，上面写着"隔壁王二不曾偷"七个大字。

这个故事的寓意是说想要隐瞒掩饰，结果反而暴露。

由于这个故事出得很早，因此大家就可以知道，在古时候，银子已经作为一种货币而被普遍使用了。对于银子，你了解多少呢？

银，是一种金属元素，化学符号为Ag，有很好的柔韧性和延展性，延展性仅次于金，能压成薄片，拉成细丝。1克银可以拉成1800米长的细丝，可轧成厚度为1/100000毫米的银箔。并且，银还具有良好的导电性和导热性。

银在地壳中的储藏量稀少，但比黄金多三十几倍。银的化学稳定性较好，不易被氧化，因此在自然界中，有单质银存在，但与空气中的硫化合会变成黑色。

在大自然中，银较多与铅矿共同存在，并以硫化物的形式与铅混在一起。在冶炼铅时，银与铅一起被还原出来，并成为合金，因此银自古以来就是炼铅业中的一项重要副产品。

我国古人大约在公元前2000年时，就已采用吹灰法提取银。这是因为银的熔点要远远高于铝，故其很容易被还原出来。吹灰法主要指往银矿石中加入铅共炼，并把银从铅中分离出来。

数千年来，银与金一样，应用价值都不大，除了用作货币、装饰品外，几乎没有其他用途。

在法兰西第一帝国时期，金与银的价值远远不及铝珍贵。拿破仑在招待贵宾时，贵宾使用银或金制的餐具，而拿破仑则使用铝制的餐具，以示尊贵。

直到工业革命之后，随着冶炼技术的进步，白银才在工业上发挥出巨大的作用。比如，人们发现银是导电性最好的金属，可以用于计算机的精密电路上；银的反射性能高，可镀在玻璃上制造镜子及在保温瓶内胆防止热量的散失；银的杀菌性能也很好，可用于医疗上的收敛及消炎；银的溴化物遇光即分解，具有非常灵敏的感光性，可以用于制作照相底片及X光片上的感光剂，这便是银的最主要用途。

随着现代科技的发展与进步，银被越来越多地运用到人们的日常生活和工业生产之中，价值也越来越高。

科学小链接

1978年制定的奥运章程规定，金、银牌必须用纯度为92.5%的银子制作，其中，金牌至少还要镀金6克。2008年北京奥运会的金牌也不例外，它是纯银镀金的，此外，还结合了金镶玉工艺，即在金牌正面镶嵌一块玉。至于铜牌，其中95%~98%的成分为铜，并且在其表面还要镀上一层锌。

石破天惊

>>>>>>>>>>>>>>

奇奇放学回家，还没有放下书包，就说："爸爸，'石破天惊'是什么意思啊？"

爸爸说："你为什么会问这个问题呢？"

奇奇回答说："今天，班主任评论我们班刘悦的作文时，说她的作文可谓是石破天惊。"

爸爸说："这则成语原本是用来形容箜篌的声音，忽而高亢，忽而低沉，出人意料，有不可名状的奇境。现在多用来比喻文章、议论新奇惊人。"

奇奇问："什么东西才能够石破天惊呢？"

毫无疑问，在古代能够产生"石破天惊"效果的，恐怕只有火药了。

　　火药是我国古代四大发明之一，在人类文明史上具有划时代的意义。火药在适当的外界能量作用下，自身能进行迅速而有规律的燃烧，同时生成大量高温的燃气物质。目前，在军事上，主要用作枪弹、炮弹的发射药，火箭、导弹的推进剂，以及其他驱动装置的能源。

　　火药的基本成分为硝酸钾、硫黄及木炭。三者按一定的比例混合、加热后，彼此之间会发生激烈的化学反应，产生大量的光和热。

　　火药的发明来源于我国古代的炼丹术。硫黄、硝石等都是古代炼丹术士们的主要原料，炼丹术士们将硫黄、硝石混在炼丹的丹炉中，进行加热。

当然，这并不是炼丹术士刻意所为，而是偶然之间将这些原料放在一起，并在加热的过程中发生了爆炸。后来，经过多次总结，他们认为这些物质混合后，会发生爆炸，于是，发明了火药。

明朝宋应星的《天工开物·火药》中记载："凡火药以硝石、硫黄为主，草木灰为辅。硝性至阴，硫性至阳，阴阳两神物相遇于无隙可容之中，其出也，人物膺之，魂散惊而魄齑粉。"

火药被发明以后，最初的使用并非在军事上，而是在杂技演出，以及木偶戏中的烟火杂技中使用。宋代的艺人们在演出"抱锣"、"硬鬼"、"哑艺剧"等杂技节目时，都运用刚刚兴起的"爆仗"、"吐火"等火药制品，以制造神秘气氛。同时，宋朝人也用火药来表演幻术，如喷出烟火云雾以遁人、变物等。

然而，自从宋代开始，火药就被应用于军事，并且宋朝人发明了世界上的第一支火箭。大炮和火枪在宋代火药的军事运用上，已经相当成熟，从而使得我国的科技遥遥领先于世界。到了近代，由于清政府的闭关锁国，中国逐步落后于世界。

和平年代，火药经常被用于日常的工农业生产，造福人类。无论架桥铺路，还是开山取石，火药都是必不可少的。

科学小链接

每当过节或新店铺开张时，都会放鞭炮以示庆祝。然而鞭炮之所以爆炸，就是因为鞭炮内部有火药。点燃的时候，火药在一个两端密封的纸筒里剧烈燃烧，瞬间产生大量气体，放出大量热，气体体积剧烈膨胀，进而将纸筒从中部挤破，发出巨响。

真金不怕火来炼

>>>>>>>>>>>>>

奇奇和爸爸妈妈一起观看北京奥运会蹦床比赛。比赛的结果是中国的"蹦床公主"何雯娜赢得了金牌。奇奇和爸爸妈妈一起欢呼庆祝。

在颁奖牌的时候，听到中国的国歌响起，奇奇禁不住跟着唱了起来。

奇奇高兴地问："爸爸，那金牌是纯金的吗？"

爸爸说："想知道金牌是不是纯金的，很简单，只要将它放到火里试一试就知道了，这叫'真金不怕火来炼'。"

奇奇接着问："为什么真金不怕火炼呢？"

真金不怕火炼，现在多比喻人的品质好、意志坚强，能够经得起任何考验。但是，大家有没有想过，为什么说真金不怕火炼呢？

在金属王国中，金的知名度是最高的。黄灿灿的金子是财富的象征，人类用它做货币、首饰等。

金，是人类最早发现的金属之一，比铜、锡、铅、铁、锌都早。1964年，我国考古工作者在陕西省临潼县秦代栎阳宫遗址里发现八块战国时代的金饼，含金高达99％以上，距今也已有两千一百年的历史了。在古埃及，也很早就发现金。

之所以说真金不怕火炼，一方面是因为金的熔点比较高，达1064.43℃，在古代是很难能够达到此温度的，另一方面则是因为金的化学性质非常稳定，任凭火烧，也不会被氧化。古代的金器到现在已几千年了，仍是金光闪闪。把金放在盐酸、硫酸中，则安然无恙，不会被侵蚀。

在古代，之所以将银作为流通货币，而没有选择更为贵重的黄金，主要是由于黄金的硬度不高，容易被磨损。现在，随着社会的发展，黄金已成了一种重要的工业原料。

科学小链接

　　钢笔的笔尖上常写着"14K"的字样，是指在制造笔尖的24个重量单位的合金中，有14份是金；在生产的集成电路中，也有用金丝做的导线。

灵丹妙药的由来

　　奇奇在报纸上看到这段话：

　　枸杞是长寿的灵丹妙药，因为枸杞中含有一种没有见过的维生素，这种元素具有抑制脂肪在纤维内蓄积、促进肝细胞的新生、降低血糖及胆固醇等作用。同时，枸杞对脑细胞和内分泌腺有激活和新生作用，可以增强激素的分泌，清除血中积存的毒素，从而维持体内各组织器官的正常功能。

看到这里，奇奇问："爸爸，什么是灵丹妙药？"

爸爸回答说："灵丹妙药是指非常灵验、能起死回生的奇药。它被用来比喻幻想中的某种能解决一切问题的有效方法。"

"灵丹妙药"这个成语来自中国古代的炼丹术。

炼丹的历史可以追溯到两千多年前，当时，一些炼丹家在采矿和冶金技术的基础上，用各种矿物原料精心烧炼所谓的仙丹，也就是"灵丹妙药"，目的是用来满足统治者及达官贵族长生不老的愿望，同时自己还能从中获得非常丰厚的回报，炼丹术便由此产生。

炼丹术虽然是一种封建迷信活动，但客观上推动了古代化学知识的发展，推动了人类科学发明的进步和发展。这主要是得益于炼丹的过程积累了大量的药物、冶金及化学的基础知识，得到了许多自然界不存在的化合物，如汞、砷

等各种无机盐，炸药也是在炼丹过程中发明的。炼丹术为现代化学奠定了理论和物质基础。

经过几百年甚至几千年的积累，古人在炼丹方面积累了丰富的化学和物理知识，比如葛洪的《抱朴子·金丹篇》、《抱朴子·黄丹篇》、《抱朴子·仙药篇》等资料，详细记述了升华、蒸馏等化学实验的操作方法，为后人研究化学提供了经验。古时的灵丹妙药无非是一些矿物质经过高温下化学反应而生成的氧化汞、氯化汞等一些无机化合物。

这些药物并不是什么灵丹妙药，也没有所谓的长生不老的作用，只能用作对疮痛、皮炎等病变的治理。另外，炼丹费时费工费力并且污染环境，内服丹药后还有毒害的作用，长期服用甚至会致命。

在中国历史上，听信所谓的炼丹家的话，服食长生不死之药而死的皇帝约有十位，东晋的哀帝是第一位。公元365年，晋哀帝像往常一样吃了"不老仙丹"，但身体很快燥热难当，哀帝拼命喝酒想摆脱这种不舒服的感觉，但无奈体内日积月累的毒性太大，哀帝最终撒手人寰。根据历史资料记载，他是由于长期服食一种难以消化的物质，导致胃肠硬化而死。

另外，根据历史资料记载，明代皇帝朱翊钧也是在服用所谓的仙丹后一命呜呼，根据史书记载临终前的症状，科学家推断出朱翊钧也是中毒而死。

随着现代医学及化学的出现，古代的炼丹术很快寿终正寝。

科学小链接

人类是没有办法长生不老的，这是因为人体内的细胞是有代谢的，生长和死亡都是客观的规律，没有办法违背，但我们可以采取一定的办法来延缓细胞的衰老更替过程。

第7章　和化学有关的悬案

你知道拿破仑是怎么死的吗?

你知道古尸为什么能保存几千年吗?

你知道游泳池里的秘密吗?

你知道……

今天，带你走进各种充满神秘色彩的悬案，去了解其中令人匪夷所思的化学知识。

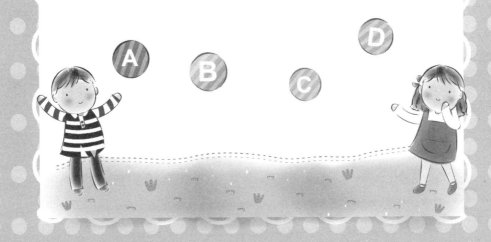

大帝的疑案——谁杀死了拿破仑

　　拿破仑是19世纪让整个欧洲都为之颤抖的大人物。然而滑铁卢战役的失败，使他被囚禁在大西洋中的圣赫勒拿岛。并且，在那里走完了他传奇的一生。但是，有一个问题一直困扰着很多人。那就是，拿破仑是怎么死的？

　　关于拿破仑的死因，一直众说纷纭。有人说，他是自然死亡的；有人说，他是被人毒死的；有人说，他或许死于其家族遗传的癌症，因为他父亲在40岁时患癌而逝；有人还说，他是在进攻埃及和叙利亚时，染上了一种热带病，后来病情严重，不治而亡……可是，谁也没有拿出可靠的证据，而拿破仑的死因成了一个历史上遗留下来的"谜"。

　　然而，在拿破仑死去150年以后，一则震撼的消息引起了科学界的高度重视。1961年，瑞典牙医斯滕·佛斯胡夫维德在检测拿破仑头发的时候，发现他的头发中砷的含量超过正常人的13倍。通过对拿破仑头发进一步的分段测试，发现其头发中的砷不是来自自然环境，而且同一根头发的各段砷含量也不同。由此可证明，拿破仑是被毒杀的。

　　砷是一种以毒性著称的类金属元素，其元素符号As，有许多的同素异形体，没有统一的颜色，常见的为黄色、黑色或灰色。砷和砷的可溶性化合物都有剧毒，与其化合物一起被运用在农药、除草剂、杀虫剂以及多种合金的冶炼中。

　　随着现代化学分析技术的发展，已经可以精确地测定一根头发的每一个微小区段中各种成分的含量。拿破仑的头发有一个明显的特点，即头发中越靠近头皮的地方，其含砷量也越多。从而可以推断，拿破仑可能是被砒霜毒死的，而砒霜的主要成分为三氧化二砷。

人头发中的微量元素与人血中的成分比较相似，能够准确地反映出人体内部的新陈代谢状况。

一些科学家曾经测试了英国人血液中各种微量元素的平均含量，并根据所得到的数据制成一条曲线。他们发现这条曲线与周围地质环境中相应微量元素的平均含量曲线惊人的相似。

很多国家的科学家为了测定城市化对人类的影响，分别对生活在城市的居民和生活在农村的居民的头发进行了研究，发现城市居民头发的铅含量大大高于农村居民；在繁忙交通线附近生活的居民和从事铅作业的工人，其头发的砷含量更高；在冶炼厂附近生活的居民和在某些天然富砷地区生活的居民，其头发砷含量也大大高于正常人；生活在海边且经常以鱼虾为食的渔民，其头发的汞含量往往比内陆居民高好几倍。

大量科学事实证明，人的头发记录着环境对人体的影响。根据这个道理，拿破仑是中毒身亡这一推断，似乎比较可靠。

然而，由于砒霜的毒性比较强，它能造成急性死亡，从中毒到死亡的短暂

时间里，砷是不会马上进入头发的较长区段。后来，美国一些科学家为了调查事情的真相，前往圣赫勒拿岛进行调查。经过调查发现，圣赫勒拿岛上的食物和生活用水都含有较高的砷，证明了拿破仑是死于地方性砷中毒，或者至少他曾得过地方性慢性砷中毒病。但是，这种说法依然不能让所有人信服，追求真相的人们还在为揭开拿破仑死因真相而乐此不疲地调查着。

科学小链接

目前，为了测定环境对人类的影响，头发是一条重要的线索，因为它时时刻刻都在生长，记录着人体的日常情况。通过对头发的分析，可以断定一个人的健康状况。

千年不蠹——古尸不腐之谜

如今，在世界各地，都发现了一些保存了几百年或千余年的古尸。这些尸体不仅没有被破坏，部分还保存得非常完整。其中，以去世100多年的圣女贝尔纳黛特最为神秘，虽然已经去世100多年，但是至今依然栩栩如生，完全像熟睡的人一般。

2000年，在我国上海也发现了一具距今大约500多年的女尸，并且保存完好。这具女尸是在施工现场发现的。发现时，不仅尸身未腐，皮肤湿润，柔软有弹性，而且在酷暑八月，尸体摸起来居然寒冷如冰。

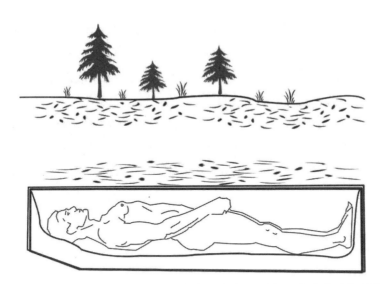

在正常情况下，人死亡之后，细胞会逐渐失去活力，在自身水解酶的作用下发生分解溶化，这也就是所谓的自溶过程。接下来就是腐败细菌的分解，最终只剩下一副骨架。

让人疑惑的是，这具古尸怎么能够避免腐败细菌的侵袭，而保存得完好无缺呢？

为了弄清楚这具古尸的不腐之谜，专家们利用各种仪器对古尸进行了检测，但是依然没有找到其尸身保持完好的原因。后来，经过研究发现，古尸的不腐，可能与其存放的环境有关系。

存放这具古尸的墓穴的四壁用青砖砌起，棺椁放入后，再用三合土浆浇注在砖墙与棺椁之间。

三合土，顾名思义，是由三种原料经过配制、混合而得的材料，不同的地区有不同的三合土。但在其中，熟石灰是不可或缺的。存放这具古尸的墓穴中的三合土是用糯米熬制成浆，再加上石灰、黄土，按照一定比例混合而成的，与现在的水泥相类似，用这种浇浆法给棺材包裹上了一个结实的密封层。经过细心地检测，三合土中还有一种原料——明矾。明矾在化学中，称为十二水合硫酸铝钾，其味道很苦，属于寒性物质，并有很强的抗菌作用、收敛作用等。

由于墓室密封、恒温、缺氧，细菌没法繁殖，这就为保存尸体创造了有利条件。

至于尸体柔软，充满弹性，是因为地下水在500年的时间里，从下面一点点地渗透进去，形成棺液。而在此之前，因为墓室密封缺氧，尸体腐败已经停止，后来棺液的浸泡则保持了它的湿润。

不腐古尸的形成大多出于偶然。在江南，墓室的密封做得稍不到位，或者渗入的水不够干净，带入了细菌，都不可能保存造就不腐古尸。像上海发现的古尸，可能是由于封闭的环境与干净的地下水，才造就了其不腐之身。

科学小链接

世界闻名的埃及木乃伊，是将尸体制成"人工干尸"，即在尸体上涂满防腐香料体，年久干瘪而成。这是因为古埃及人笃信人死后，其灵魂不会消亡，仍会依附在尸体或雕像上，因此法老死后，均制成木乃伊。

游泳池中的秘密

夏天到了，奇奇与爸爸妈妈一起去泳池游泳。

一进入泳池，奇奇就闻到一股刺鼻的味道，让他禁不住捂住鼻子。

奇奇问："爸爸，这什么味儿啊？真难闻。"

妈妈也问："是不是这里的游泳池放进了漂白粉，所以味道闻起来那么刺鼻？"

爸爸回答说："这味道是氯气的味儿。"

去泳池游过泳的人，可能会有类似的感觉，即一进入游泳场馆，就能够闻到游泳池中发出的一股刺鼻的味儿。

可能有的人会很担心，游泳池中是不是放漂白粉了？其实并没有，或者说绝大部分游泳池都不会放的。

这是因为漂白粉有毒，不仅对游泳者有害，对工作人员同样有害；同时，漂白粉会让游过泳的人身上在水干后存留一些白色的东西，看起来很脏。

那么，类似漂白粉的味道是什么味儿呢？这是从游泳池水中析出的很少的氯气的味儿。

游泳池里放氯气，是为了对水进行消毒，并且要不断补充，以维持一个有效的杀菌浓度。当然，这氯气的总浓度毕竟还是很小的。因为，氯气是一种有毒气体，量大会对人的呼吸道造成损害，从而导致呼吸道方面的疾病，所以游泳池里的氯气是控制在一定范围内的，起到杀菌的作用，对人体则不会造成伤害。

除游泳池的味道外，游泳池里面的水也是有很多秘密的。

在大家的印象中，水是无色无味的，那为什么游泳池中的水会是蓝色的呢？这与水对光的吸收有很大关系。大家所见到的太阳光是由红、橙、黄、绿、蓝、靛、紫七种色光组成的。当太阳光照射到水面上时，水会吸收一部分，并会反射一部分。当水稍微深一些以后，它就会优先吸收红、橙、黄三色光，而反射绿、蓝、靛三色光了。并且，水越深则越反射蓝色，从而导致深水比浅水蓝。

另外，除了对太阳光的吸收与反射的原因外，还有一个重要的原因，即游泳池中被加入了蓝矾。蓝矾的主要成分是五水硫酸铜，也被称为硫酸铜晶体，俗称蓝矾、胆矾及铜矾，化学式为$CuSO_4 \cdot 5H_2O$，是一种蓝色晶体。

蓝矾在医学上不仅是一种消毒剂，还是一种呕吐剂。如果病人误服了什么毒物或脏东西，医生会冲一点蓝矾让他喝，使他把那些东西吐出来。把蓝矾放入游泳池里，可以控制水藻的生长。

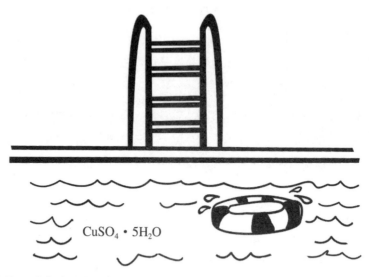

CuSO$_4$·5H$_2$O

此外，游泳池的水一般都要循环使用，循环的过程是要用硫酸铝来沉降，然后再经沙石过滤，从而除去游泳池中的脏东西。

另外，游泳池中的水应是中性的，即 pH值应该在7左右。但实际上，游泳池里的人一多，这 pH值就难以保证在7了。并且，人身上的排泄物常常使游泳池中水的pH值小于6，有时甚至会达到5.5。那么，该如何来使游泳池中水的pH值恢复到中性或接近中性呢？可以向水中加入适量的烧碱。当然，加入烧碱的量一定要慎重，以防止游客的皮肤受到损伤。

科学小链接

在公共游泳池游泳前，要先滴1~2滴眼药水，以预防感染红眼病。这是因为夏季是红眼病的高发季节。这种在游泳前先点眼药水的做法可以对病毒性红眼病和细菌性红眼病起到一定的防护效果。

烟幕弹的秘密

>>>>>>>>>>>>

奇奇看警匪电影时，只见警察扔出去一个手榴弹般的东西，然后那东西便冒出浓浓的烟，遮挡住坏人的视线，从而使警察顺利将坏人抓住。

奇奇不解地问："爸爸，那是什么东西？为什么一扔出去，就会冒出那么多的烟？"

爸爸回答说："那是烟幕弹。"

烟幕弹又称烟雾弹。使用与空中爆炸相结合的烟火技术，可在较短的时间内形成一道5米高的烟幕，造成视力屏蔽，并能够持续较长时间，以有效干扰对方的视觉。

烟幕弹的原理是通过化学反应在空气中造成大范围的化学烟雾。它通常由引信、弹壳、发烟剂及炸药管组成。烟幕弹制造烟雾主要依靠发烟剂。发烟剂一般以白磷、四氯化锡或三氧化硫等物质为主要原料。当烟幕弹被投掷到目标区域，引信引爆炸药管里的炸药，弹壳体炸开，将发烟剂中的白磷抛散到空气中。白磷一遇到空气，就立刻自行燃烧，不断产生浓浓的烟雾。多弹齐发，就可以构成一道道"烟墙"，挡住敌人的视线，为自己创造有利的战机。

白磷的分子式为P_4，是一种白色或浅黄色半透明固体。在空气中，非常容易自燃；并且，在自燃后，会产生白色烟雾。为了防止白磷的自燃，通常将其保存在水中。

除了白磷之外，四氯化锡等物质的化学性质也非常不稳定，它们可以在空气中生成HCl酸雾，从而形成烟幕。

烟幕弹不仅是警察执行任务时的一种重要武器，在战争中同样发挥着重要的作用。

在第二次世界大战中，苏军就依靠烟幕弹来扰乱德军的视线，为自己赢得战争的胜利。

在第二次世界大战的后期，苏军对德军开始了战略反攻。但是，由于德军处处设防，苏军每推进一步，都会付出巨大的牺牲。后来，苏联的武器专家发明了烟幕弹。此后，无论是强渡顿河、北顿涅次河、第聂伯河、尼斯河、奥得河，还是最后攻克柏林，苏军都借助了大量的烟幕弹来掩护推进和强攻行动。其中，仅在强渡第聂伯河的战斗中，苏军就在沿河的69个渡口，30千米的正面战场上，投放了数以万计的烟幕弹。使原本明显暴露在德军面前的军队和阵地，一下子全隐蔽在一片烟雾之中了。德军面对这突然形成的蔽天浓烟，变得茫然不知所措，战斗力大打折扣。而苏军则在烟幕的帮助下，浩浩荡荡地渡过了第聂伯河。就这样，苏军逢战便用烟幕弹，并且每次都获得了成功。

随着军事科学的不断发展，目前的烟幕弹种类越来越多，作用也越来越广，已经由简单的视觉掩蔽发展到反雷达、反红外线、反激光等方面的掩蔽。因此，烟幕弹已成为现代战争中的一种重要武器。

科学小链接

与烟幕弹的原理类似，催泪弹也是一种通过放出催泪气体来刺激人流泪的化学武器。可以由喷射或手榴弹形式发射催泪弹。它被世界各国警察所用，广泛用作在暴乱场合以驱散不法分子。

地震前井水变浑浊的原因

奇奇在一本科普书中看到：在地震前，井水会变浑浊……

奇奇觉得很奇怪，便问爸爸："地震前，井水为什么会变浑浊呢？"

在地震前夕，由于地壳运动，特别是局部地壳的剧烈运动，地震发生前的征兆难免会在与地壳活动有关的地下水中表现出来。除了井水的涨落之外，人们最易察觉的还是井水在色、气、味三个方面的改变。然而，无论是哪个方面的变化，又都与井水的化学组成有关系。

在地震前夕，地壳深处的硫化氢气体会随着地壳运动渗入水中，从而导致其中的硫化氢浓度明显增加。

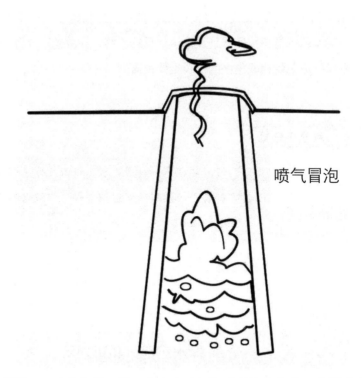

喷气冒泡

在常温下，硫化氢是一种无色有臭鸡蛋气味的有毒气体，化学式为H_2S。而这就是地震前夕，井水会有一种臭鸡蛋味的原因。同时，从井里打出的水也会因硫化氢的氧化作用而渐渐变得浑浊，并显现出一种乳白色中带有淡蓝色的荧光。

除了硫化氢导致井水浑浊外，还会因为地壳内部的金属元素（如铝、铁等）的化合物进入水井，而使井水的颜色改变。比如，地壳中的铁元素化合物会使井水呈现出绿色或棕黄色。如果在地震前夕，用这种井水沏茶，那么茶水就会变成蓝色或黑色；如果用这种井水来煮饭或煮豆，那么就会变为灰色或黑色。这是因为铁离子与鞣酸、单宁酸及没食子酸等作用的结果。

除去地壳内部的金属元素以外，井水中还可能侵入一些地壳中的非金属元素化合物，如二氧化碳、甲烷等。这些非金属元素化合物，可使井水冒泡、翻滚，并且还会改变井水的味道。至于那些地下有石油的地区，石油也会侵入井水，使其带有石油味。

为了预防地震，减少地震带来的灾难，就要注意身边的非自然现象。

科学小链接

由于地壳在不停地运动和变化，逐渐积累了巨大的能量，因此在地壳的某些脆弱地带，就会导致岩层突然发生破裂，或者原有断层发生错动，进而引发地震。

金首饰的骗局

姥姥准备送给奇奇的妈妈一对金耳环和一枚金戒指作为生日礼物。

由于姥姥担心首饰店里售卖的金首饰不是纯金的，便将自己年轻时戴的金耳环和金戒指拿出来，找街边的金匠改制成样式新颖的金耳环和金戒指。又由于姥姥担心金匠会在改制金耳环和金戒指时做手脚，因此她决定亲自盯着金匠改制。

从金匠接过金耳环和金戒指之后，姥姥就寸步不离地盯着金匠的一举一动，直至他把金耳环和金戒指改制完工。然而，姥姥回到家之后，将新改制的金耳环和金戒指放到电子秤上一称，发现整整少了3克，她百思不得其解。

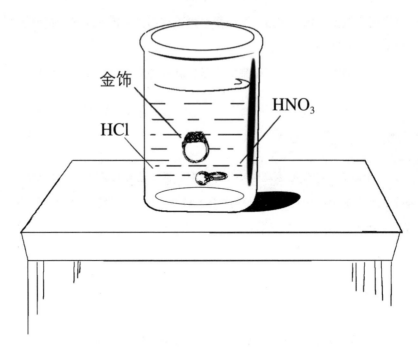

晚上，奇奇的爸爸妈妈回家后，姥姥说出了心中的疑惑，并将自己如何看着金匠，自己是怎样把金耳环和金戒指递给金匠，而金匠又是怎样从小盒子里拿出小砧子、小钳子、小锤子，怎样在小灯火上加热以及不断地沾"亮金油"……最后，姥姥还强调自己确实没有见到金匠使用过剪子一类的工具，并且金匠也没有机会做手脚。

看着姥姥为自己被金匠盗走3克黄金而心疼的样子，奇奇的爸爸安慰她，说："这次就当'吃一堑，长一智'吧。以后不去街边打首饰就好了。"

姥姥问："那么他是怎么弄走我3克黄金的呢？我的确想不明白。"

其实，骗局就在那所谓的"亮金油"之中。世界上根本就不存在"亮金油"，那是街边不法金匠们配制的一种强酸溶液。这种强酸溶液是用硝酸与盐酸配制的，它的氧化性极强，可以很容易地把平时不怕火炼的黄金溶解。

等到金匠觉得再溶解就会露馅时，金首饰也就改制完了，收了加工费后，他就会逃之夭夭。回到家，他只需用锌、铁、铜等较活泼金属放入溶液，黄金就会被置换出来。

在日常生活中，揭穿此骗局是非常简单的。只要将一根铁钉放到那瓶所谓的"亮金油"中，铁钉的表面就会有黄金生成，对此，那些不法的金匠就无从抵赖了。

科学小链接

亮金油，俗称"王水"，是一种腐蚀性非常强且会冒出黄色烟雾的液体，是浓盐酸和浓硝酸的混合物，其混合比从其俗称中就能看出，即"王"字，三横一竖，故浓盐酸与浓硝酸的混合比为3：1。

会变魔术的画

在魔术演出中，奇奇看到魔术师先将一幅油画放在那里，然后，魔术师的手一挥，那幅画便立刻变了颜色。原来所画的冬天雪景，突然变成了秋天的景象，出现了片片黄色的树叶，原来被白雪覆盖的世界也不见了。这还不算精彩，魔术师接着又挥了一下手，整个画面又变成了夏天的景色，黄色的树叶不见了，远山含烟滴翠，一派绿油油的景色。这个魔术让现场所有的观众都目瞪口呆。

　　演出结束后，奇奇在回家的路上一直都在感叹魔术师的神奇，居然可以让四季在同一幅画里来回变换。他好奇地问："爸爸，你知道这个魔术是怎么变的吗？"

　　爸爸回答说："这个魔术的奥秘就在作画用的颜料。"

　　你知道这个魔术的奥秘在哪里吗？

　　如果有幸看到类似的魔术，你仔细观察，就会发现在这幅画的背后有能够加热的东西。其中的奥秘就在于作画用的颜料在不同的温度下会发生变化。

　　这些画不是普通的颜料画出来的，而是用含有铁、镍盐类的氯化钴溶液调制出的颜料画出来的。这种颜料在低温、湿润状态下的颜色很浅，可它一旦受热就会因温度升高、结晶水变少而逐渐变成绿色或蓝色。

　　氯化钴溶液在常温下性质较为稳定，但随着温度的升高，其颜色就会发生变化。在35℃左右的时候，会产生结晶，开始风化并浊化；在加热至50℃的时候，会变成绿色或蓝色；不仅如此，在潮湿的空气中放热，还会又变成红色。另外，氯化钴的水溶液为桃红色，而其乙醇溶液则为蓝色。

　　魔术师在表演这个魔术时，会在画的背后进行加热，让其颜料中的氯化钴在受热的过程中，颜色发生相应的变化。

氯化钴的颜色随着温度的升高，色彩会发生相应的变化。这个性质在我国明代时，就已经被不少人掌握。据史料记载，当时的一些画家能够让画在蜡烛前变色。

科学小链接

氯化钴在医药方面，主要是用来刺激骨髓，以促进红细胞的生成。因此，其多用于再生障碍性贫血、肾性贫血等病症的治疗。

面粉爆炸的原因

如果说面粉也能爆炸，你会相信吗？

2003年12月27日，巴基斯坦首都伊斯兰堡姊妹城拉瓦尔品第的一家面粉厂发生爆炸，造成1人死亡，3人受伤。

无独有偶，第二次世界大战期间，希特勒命令德国空军不断轰炸英国。英国一家面粉厂躲过了炸弹的轰炸，但是在轰炸过后，车间里却自己发生了大爆炸，屋顶飞上了天，爆炸的威力甚至超过了炸弹的破坏作用。与此同时，其他几家面粉厂也相继发生了爆炸。

这些奇特的爆炸听起来令人感到不可思议，但经过科学家们的研究发现，面粉确实会发生爆炸。面粉爆炸是指面粉颗粒遇明火产生爆炸的现象。在生产面粉的过程中，车间内会产生大量极细的粉尘。当这些粉尘悬浮于空中，并达到一定的浓度时，一旦遇有火苗、火星或适当的温度，瞬间就会燃烧起来。并且，由于燃烧的热量得不到及时的散发，就会形成猛烈的爆炸，其威力不亚于炸弹。

物体发生爆炸的条件，是在有限的空间内，物体达到着火点，并发生剧烈的燃烧，瞬间释放出大量的能量，使空间内的压力瞬间增大，从而发生爆炸。

由此可见，面粉之所以发生爆炸，是因为其在一定的空间内达到着火所需要的浓度，一旦遇到明火，就会发出大量的热量；同时，由于粉尘具有较大的面积，因此与块状物质相比，其接触空气的面积大，吸附的氧分子多，氧化放热的过程快。而氧化放热没有足够的空间去释放，就会引燃其他粉尘分子，发生连锁反应，产生爆炸。

也许你会认为，面粉又不是炸药怎么会爆炸呢？

众所周知，面粉厂里的粉碎机要把小麦加工成很细的面粉，就要消耗大量的电能。而粉碎机所做功的一部分就会转化成能量，储存在被粉碎以后的面粉颗粒表面。对于一定的物质来说，被粉碎的程度越高，即颗粒越小，则表面积越大，那么其本身的能量也就越大。

由于粉尘本身就具有很大的能量，它能很容易发生物理变化或化学变化将

能量释放出来。因此，这些平时看起来微不足道的粉尘一遇适宜的条件，与空气充分混合，点燃后，就会迅速发生激烈的燃烧反应，在瞬间放出巨大的能量。

其实，不仅仅是面粉，大自然中凡是易燃烧的粉尘，如皮革、塑料，硫、铁等的粉尘，在空气中达到一定浓度时，只要遇到明火，就会引起一场巨大的爆炸。

科学小链接

有人说鞭炮之所以会爆炸，是因为里面有火药。但是，如果将鞭炮外面的纸层剥开，那么它就不会发生爆炸。这是因为鞭炮所发出的热量有足够的空间来释放。平时见到的鞭炮的引线点燃后，里面的火药急速燃烧起来，放出大量的热，并放出许多气体。这时，火药的体积会猛增1000多倍，而外面的那层紧裹着的草纸层当然承受不了这么大的压力，于是"啪"的一声，草纸层炸破了。

借助化学知识侦破谋杀案

据说，生石灰能够用于建筑材料，还得益于一个轰动整个英国的谋杀案。谋杀案的受害者德怀特是当时一所著名大学的教授。

石灰石

　　谋杀现场的场景是这样的：德怀特教授在自己的卧室中被烧死，卧室的门窗都是从里面反锁的，屋内的家具被焚烧一空；德怀特教授安静地躺在自己的床上，从头到脚烧得面目全非。除此之外，还有一只猫也被烧死了；窗户下面有一堆白色粉末，经过检验，为碳酸钙；旁边还有一些碎玻璃片，以及两只被烧死的金鱼。

　　经过法医化验，德怀特教授的肚子里有适量的安眠药成分，经过推测是凶手趁德怀特教授不注意的时候放进杯子里的，因为德怀特教授睡觉前总是喝一杯水。

　　后来，负责这起案子的侦探得到消息，德怀特教授在家里并没有养过金鱼，倒是养过一只猫。经过侦探四处走访得知，在德怀特教授被烧死的当晚，最后一个从德怀特教授家里出来的是他的助手安尼沙尔。

　　侦探找到了安尼沙尔，他承认自己是最后一个从德怀特教授家里出来的人。但在当时，德怀特教授还没有休息。对于这一点，周围的邻居可以作证，因为德怀特教授每天都睡得很晚。

　　后来，侦探从德怀特教授的日记中看到了这样一段话："我感觉安尼沙尔最近有点诡秘。我设计的一份机械图，昨天被人偷拍了。由于这种机械在技术上的难度很大，其中一定有不少问题是偷拍者所不能解决的，因此他会主动来找我的。"

很明显，德怀特教授似乎在透露一些消息。而种种迹象都表明，安尼沙尔都有很大的嫌疑。但是，侦探绞尽脑汁也没有想到安尼沙尔是如何在走后放火烧死德怀特教授的。后来，侦探反复察看犯罪现场，发现窗户下面的那堆白色粉末始终没有合理的解释。于是，他将那堆白色粉末作为唯一的线索，并且在经过反复地推敲及实验，终于揭开了德怀特教授被杀的谜底。

原来，当晚，安尼沙尔故意拜访德怀特教授，并趁德怀特教授不注意的时候，在他的杯子里放了一定量的安眠药。然后，在离开时，故意留下了一缸金鱼，同时在鱼缸的下面放了一定量的生石灰。德怀特教授喝了那杯被下了安眠药的水后，感到很困，躺在床上就睡着了。

随后，小猫看到了金鱼，便跳上鱼缸，并且弄倒了鱼缸。鱼缸的水洒在了生石灰上面，会释放出大量的热，进而引燃了周围的可燃物。由于德怀特教授喝了含有大量安眠药的水，已经进入了深度睡眠，因此他根本无法察觉这一切，直至最后被烧死了。

生石灰遇到水之后会发生剧烈的化学反应，生成氢氧化钙；氢氧化钙随即与二氧化碳发生反应，生成碳酸钙，也就是那堆白色的粉末。

案子水落石出，安尼沙尔在铁的证据面前低下了头。

科学小链接

生石灰的主要成分是氧化钙，是一种白色的粉末，化学式为CaO，它与水反应，生成氢氧化钙$[Ca（OH）_2]$；氢氧化钙与二氧化碳反应，生成碳酸钙（$CaCO_3$）。这一系列化学反应如下所示：

$$CaO+H_2O = Ca（OH）_2$$

$$Ca（OH）_2+CO_2 = CaCO_3↓+H_2O$$

穆拉诺群岛上的秘密

在美丽的地中海，有一片美丽的群岛，叫穆拉诺群岛。位于威尼斯北方1.5公里处，由五个岛屿组成。在历史上，穆拉诺群岛是威尼斯贵族的疗养胜地，岛上遍布着精美绝伦的别墅和教堂。

根据历史资料记载，在玻璃制造技术传入欧洲后，经过两百多年的发展，威尼斯的玻璃制造业已形成了一定规模，并走在了当时世界的前列。

13世纪末，出于安全原因，当时的威尼斯政府把不可缺少火的玻璃工厂全部迁到了穆拉诺群岛的五个小岛上。

由于威尼斯政府对玻璃的重视，很多新型玻璃不断被研发出来，因此这里的玻璃制造技术被视为世界上最顶尖技术，而很多玻璃工艺品也大多产于此地。

玻璃，是人类智慧的结晶，能带给人浪漫温馨的氛围。在穆拉诺群岛，玻璃被人们倾注了更多生命的热情，它糅合了花的清新、钻石的光泽以及高贵典雅的设计，令人惊叹。

自从玻璃传入穆拉诺群岛之后的千年间，那里的工匠们不断改进玻璃的制作工艺。16世纪时，当地的工匠们就掌握了使玻璃脱去颜色、着色技术以及在玻璃上镀金上釉的方法。现在，威尼斯的玻璃制造工艺更加精湛，可以在玻璃原料中加入金属成分，使玻璃制品不易破碎，即使不小心掉在地上，也会完好无损；在玻璃原料中加入一定比例的石英，制成水晶玻璃，晶莹剔透、光泽

夺目，并且透光性极强，更能衬托华丽家居的高贵气质。

无论什么人来到穆拉诺群岛，都会被那里出产的玻璃工艺品所陶醉。比如，在穆拉诺群岛的住宅中，仿真玻璃糖果、造型各异的餐具以及由各种颜色和质地的玻璃制作的书签、首饰、家具，可以与皮革、金属、木制品完美结合，展现出与众不同的风格。

虽然，穆拉诺群岛出产的玻璃制品种类繁多，但主要以生产彩色艺术玻璃为主。其彩色玻璃从15世纪开始，便闻名于世。此后，由于着色工艺精湛，形态变化丰富，造型取材广泛，几个世纪以来的世界彩色玻璃珍品很多都产于此地。

科学小链接

目前，在已经出土的文物中，由于中国古代玻璃器物存世的数量比较少，并且没有像瓷器、玉器等那样建立起完整、系统的体系，因此为中国古代玻璃器物的鉴定与收藏带来了较大的困难。但是，大家从对我国各朝代玻璃器物的研究中，可以看出我国古代的玻璃制造技术也具有相当高的水准。

第8章　化学给人们生活带来的变化

你知道麻醉药是如何来麻醉的吗?

你知道氯乙烷为什么能够快速治伤吗?

你知道煤气是用煤制得的吗?

你知道彩色照片是如何成像的吗?

你知道……

今天就带你走进生活,了解化学给人们的生活带

来的变化。

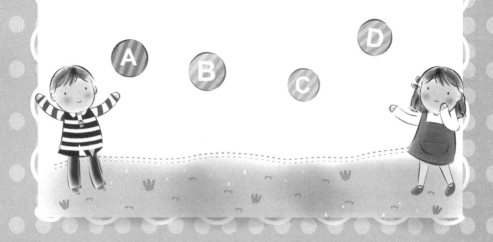

麻醉药是如何来麻醉的

奇奇陪表哥亮亮去医院拔牙。在拔牙前，医生先给亮亮打了一针。打完针以后，大概三分钟，医生捏了捏亮亮的脸蛋，问："疼吗？"亮亮摇了摇头。

然后，医生拿出一把钳子，夹住亮亮嘴里的那颗蛀牙，向外拔了一下，便拔了出来。

奇奇原本以为亮亮会疼得大叫，哪知亮亮像没事一样，安静地坐在椅子上。半个小时之后，医生给亮亮开了一些消肿药后，他们便走出了医院。

在回家的路上，奇奇问："表哥，你当时为什么不怕疼？"

亮亮笑着回答说："打过麻醉药，就感觉不到疼了。"

麻醉药是指能使整个机体或局部机体暂时、可逆性失去知觉及痛觉的药物。它的主要成分为甲氧氟烷、环丙烷、异氟醚等。

在日常生活中，人受伤时会感觉痛，这是因为体内的神经会将疼痛的刺激传达给脑部。但是，麻醉药里的物质会阻断神经，让大脑接收不到信号，从而也就感觉不到疼痛。这时，医生对伤口进行处理，如用手捏、用刀割或用针缝都不会感觉痛。当然，麻醉药的效果会随着时间渐渐消失，而患者也会慢慢恢复原来的感觉。

麻醉药根据其作用范围可分为全身麻醉药与局部麻醉药两种。全身麻醉药与局部麻醉药根据其作用特点和给药方式的不同，又可分为吸入麻醉药和静脉麻醉药。

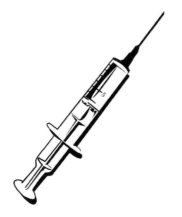

全身麻醉药由浅入深抑制大脑皮层，使人神志消失。局部麻醉对神经的膜电位起稳定作用或降低膜对钠离子的通透性，阻断神经冲动的传导，起局部麻醉作用。

最早的麻醉药是由我国东汉末年的华佗创制的，并起名为麻沸散，可进行局部麻醉，疗效甚好。

麻醉药在医疗方面发挥着重要的作用，使病人在手术过程中免于疼痛，减少因无法忍受疼痛而死亡的医疗事故。

现代医疗史上最早使用的全身麻醉药是笑气，它适合任何方式麻醉，但容易出现被麻醉者缺氧、不够稳定等缺点。后来，改用乙醚作为全身麻醉药，它有麻醉状况稳定、肌肉松弛良好、便于手术等优点。但由于乙醚易燃，置放过久会产生过氧化物，因此在使用它时应绝对避火，并且还要检查有无过氧化物。

科学小链接

麻醉药固然能使病人在镇静、无痛的舒适状态下进行手术，但是它除了会影响人的意识、改变人对疼痛的认知程度外，还会干扰人的正常生理功能，如心跳、血压、呼吸，甚至会引起麻醉中毒现象，故不可乱用。

雨衣的由来

下雨了，奇奇要去上学，妈妈给他披上了一件雨衣，然后用电动车将他送到了学校。

奇奇高兴地说："有雨衣真方便，不用担心衣服被雨淋湿了，发明雨衣的人真是聪明。"

妈妈问："那你知道雨衣是谁发明的吗？"

奇奇摇了摇头，说："不知道！"

在我国古代，早就有用棕丝编织的蓑衣，而这就是历史记载最早的雨衣。至于现在的雨衣，它的发明则是近代的事，并且得益于橡胶的发明。

英国为温带海洋性气候，常年被云雾笼罩。英国的首都伦敦则是世界上有名的"雾都"，这里常常一连数月阴雨连绵，不见天日。

伦敦郊外有许多规模很大的橡胶园。在橡胶园里刮胶只能露天劳作，是一项十分辛苦的工作。橡胶工人，在劳作的时候无法打伞，只能冒雨干活，冒雨上下班。

这些员工中，有一个叫特里的橡胶工人，因为身体不好，得了严重的风湿症，一到下雨天，就会浑身不舒服。

妻子为了特里能够穿得暖和些，便背着特里节衣缩食，悄悄为他添置了一件新外衣，让特里在外工作时可以少受风寒之苦。

这天，特里穿着新外衣，高高兴兴地上班去了。在上午的工作告一段落时，特里把刮下的一大桶橡胶放到一旁，准备休息。可一不小心，有一大滴橡胶液溅到他的新外衣上。特里非常心疼，连忙用手去抹沾在衣服上的橡胶液。可是，由于橡胶是一种十分黏稠的液体，特里经过几次揩抹，反而使衣服上沾了一大片橡胶。

在下班回家的路上，下起雨来。特里加快了步伐，可雨点却越下越大。由于特里没有雨伞，因此他只能冒着大雨在路上奔跑……

回到家里以后，妻子连忙帮特里脱掉衣服，发现他身上大部分地方都湿透了，而后背上的内衣却没有湿，还是干的。

妻子非常奇怪，因为以往丈夫雨天回家，后背上总是最湿的。

特里拿起外衣一看，"奇怪，外衣后背的干处正好是被那滴橡胶液弄脏的地方。难道说用橡胶液涂在衣服上可以防雨？"特里不由自主地说道。然后，他便开始做起实验来。特里先在一件旧外衣上全部涂了橡胶，然后，在雨中一试，果然灵验，橡胶确实可以用来防雨。

世界上第一件具有现代意义的雨衣，就这样在特里的手中诞生了。

科学小链接

橡胶在现代工业中发挥着非常重要的作用。它经过加工后，可以制成具有弹性、绝缘性、不透水和不透气的高分子材料。橡胶制品广泛应用于工业生产和人们生活的各个方面。

卤水点豆腐的奥秘

最近，奇奇迷上了歇后语，每当有空都会去记一些歇后语。

这天，奇奇记住了一条歇后语："卤水点豆腐，一物降一物。"在奇奇使用这条歇后语的时候，一个小伙伴问他"卤水点豆腐"是什么意思。这一下可难住了奇奇，他只顾得记忆，没有做到理解。于是，奇奇跑回家问爸爸。

奇奇问："爸爸，'卤水点豆腐'是怎么回事？什么是卤水啊？"

爸爸回答说："卤水在化学上称为盐卤，是由海水或盐湖水制盐后，残留于盐池内的母液，主要成分有氯化镁、硫酸钙、氯化钙及氯化钠等，味苦。蒸发冷却后的结晶物主要为氯化镁，称为卤块，是制豆腐常用的凝固剂，能使豆浆中的蛋白质凝结成凝胶，并把水分析出来。用盐卤做凝固剂制成的豆腐，硬度、弹性及韧性较强，称为老豆腐。"

关于"卤水点豆腐，一物降一物"的由来，需要先了解一下豆腐的制作工艺。先把黄豆浸在水里，泡胀变软后，磨成豆浆，并滤去豆渣，再加热煮开。这时候，黄豆里的蛋白质颗粒在水中不停地运动，无法聚到一块儿，形成"胶体"溶液。

最后，就需要卤水来使溶液中的胶体分离出来，也就是使胶体溶液变成豆腐，即所谓的"点卤"。

虽然盐卤有毒，但人们为什么会用它来制作豆腐呢？这就需要从黄豆说起，黄豆主要的化学成分是蛋白质。蛋白质是由氨基酸所组成的高分子化合物，其表面有自由的羧基和氨基。由于羧基和氨基对水的作用，使蛋白质颗粒表面形成一层带有相同电荷的胶体物质，使颗粒相互隔离，不会因碰撞而黏结下沉。

豆腐块

点卤时，由于盐卤是电解质，在水里会分成许多带电的小颗粒——正离子与负离子；又由于这些离子的水化作用而夺取了蛋白质的水膜。另外，盐卤的正负离子抑制了由蛋白质表面所带电荷引起的斥力，使蛋白质的溶解度降低，进而颗粒相互凝聚成沉淀。这时，豆浆里就会出现许多白色的豆腐了，而卤水里的毒素则会在这个反应中被分解，并溶解到水里。

科学小链接

在豆腐作坊中，有时不用盐卤来点卤，而是用石膏来点卤，这两种点卤的原理是一样的。

能够快速治伤的氯乙烷

奇奇和爸爸一起看足球比赛，发现每当有运动员受伤倒在地上，队医便立刻跑过去，用一瓶药对准球员的受伤部位进行喷射。一分钟左右的时间，刚刚还痛苦得无法站立的运动员马上站起来继续投入比赛。

奇奇感到很不可思议，问："爸爸，刚刚医生往伤员的受伤部位上喷的是什么啊？为什么他一会儿就又能跑了。"

爸爸回答说："那是一种特殊的药物，叫复方氯乙烷喷雾剂，它能够快速止痛、治伤。"

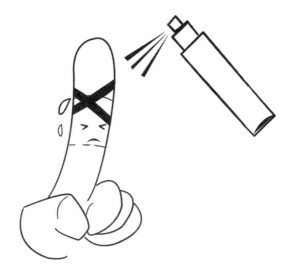

奇奇问："那为什么有些运动员受伤后，却直接被担架抬出去，而不用复方氯乙烷喷雾剂进行治疗呢？"

爸爸回答说："复方氯乙烷喷雾剂的治疗范围和作用有限，并不能治疗所有的伤病。"

氯乙烷，常温下的状态为无色气体，有类似醚样的气味，化学式为 C_2H_5Cl，微溶于水，可混溶于多数有机溶剂。

氯乙烷在工业中的用途非常广泛，主要用作烟雾剂、冷冻剂、局部麻醉剂、杀虫剂、乙基化剂、汽油抗震剂等，以及磷、硫、油脂、树脂、蜡等的溶剂。

在体育运动中，氯乙烷发挥着重要的作用，被称为球场上的"化学大夫"，能缓解运动员的一些伤痛。氯乙烷在常温下呈气体，在一定压力下则成为液体。在运动中，由于激烈地碰撞、摩擦，运动员很容易受伤，而且受的多半是一些挫伤、拉伤，如软组织挫伤以及一些皮外伤。

这时，医生只要把复方氯乙烷喷雾剂喷射到伤痛的部位，氯乙烷碰到温暖的皮肤，会迅速挥发，液体在变成气体的同时，会把皮肤上的热也"带"走，使受伤的部位像被冷冻了一样，暂时失去痛感。

复方氯乙烷喷雾剂不仅能止痛，还能通过局部冷冻的方式，使皮下毛细血管受冷收缩起来，停止出血，而受伤部位也不会出现瘀血和水肿。这种使身体的一个地方失去感觉，又不影响其他部位感觉的麻醉方法，叫作局部麻醉。足球场上的"化学大夫"就是靠局部麻醉的方法，使运动员的伤痛暂时消失的。

科学小链接

当然，复方氯乙烷喷雾剂并非是万能的神药，只能对付一般的肌肉挫伤或扭伤，是一种应急处理方式，不能起完全治愈的作用。如果在体育比赛中造成骨折或其他内脏的严重损伤，它就无能为力了。

变色眼镜为什么会变色

在周末，奇奇和爸爸妈妈一起去郊外游玩。奇奇戴了一顶遮阳帽，而妈妈则戴了一副变色眼镜。

经过一个小时的行程，他们到了预定的地点。此时的气温已经开始升高，奇奇发现妈妈的眼镜颜色似乎变深了，不过他没有在意，以为是自己的错觉。到了中午的时候，他发现妈妈的眼镜颜色已经变得非常深，他才知道不是自己的错觉。

奇奇禁不住心中的好奇，问："妈妈，你的眼镜怎么变颜色了？"

妈妈回答说："这是变色眼镜，当然会变颜色了。"

奇奇接着问："眼镜为什么会自动变颜色呢？"

变色眼镜，又称防太阳眼镜，主要用于露天野外、室内强光源之类的工作场所，防止阳光、紫外光或眩光对眼睛的伤害。

变色眼镜之所以会变色，和镜片有很大的关系。变色眼镜的镜片是用含卤化银微晶体的光学玻璃制作的，根据光色互变可逆反应原理，在可见光和紫外线照射下可迅速变暗，完全吸收紫外线，对可见光则呈中性吸收；回到暗处，能快速恢复无色透明。该镜片的光致变色性质具有永久可逆性。

变色眼镜是如何变色的呢？

玻璃的主要成分是硅酸盐，而作为眼镜镜片的光学玻璃还含有钾。这种光学玻璃硬度大，不易磨损，清晰度好，而在制造变色眼镜的光学玻璃中，除一般原料外，还要加入适量的卤化银的微小晶粒。这是因为卤化银受阳光照射时会分解成银和卤素。由于银在强光下呈深色，因此镜片颜色会变深。当光线变暗时，银和卤素在催化剂（如氧化铜）的作用下，又重新化合生成卤化银，于是镜片的颜色又变浅了。由此可知，变色眼镜变色的秘密在于不同条件下卤化银的分解和重新化合。

虽然，不同种类变色眼镜的变色速度不同，但原理都一样，都是利用卤化银在阳光下改变颜色的原理。普通的变色眼镜镜片被阳光照射5分钟以后，通过镜片的强光可衰减为原来的50%；镜片离开阳光5分钟以后，能恢复光线

23%；镜片离开阳光大约1小时以后，能完全恢复到原来的颜色。

由于加入的卤化银与光学玻璃融为一体，因此变色眼镜能够反复变色，长期使用，可以起到保护眼睛免受强光刺激的作用。

变色玻璃在现代社会中应用得非常广泛，不仅可以制成眼镜镜片，还可以安装在汽车、轮船、飞机及建筑物上。

科学小链接

卤化银是卤素与银形成的化合物，如氟化银、氯化银、溴化银、碘化银等。其中，氯化银、溴化银因具有感光性，故一般用于制造照相材料，如软片、印刷纸、硬片等。

煤气是用煤制得的吗

爸爸妈妈在讨论煤气费上涨的事，奇奇也插嘴进来："爸爸，煤气费涨了多少？"

爸爸回答说："上涨了10%。"

奇奇接着问："煤气是什么啊？是用煤做的吗？"

煤气是以煤为原料加工制得的含有可燃成分的气体。煤气的种类繁多，成分也很复杂，一般可分为天然煤气和人工煤气两大类。根据加工方法、煤气性质和用途，煤气可分为低热值煤气和中热值煤气。其中，中热值煤气是人们日常生活中经常使用的民用燃料。煤气中的一氧化碳和氢气是重要的化工原料，可用于合成氨、合成甲醇等。因此，可以将用作化工原料的煤气称为合成气，它也可由天然气、轻质油及重质油制得。

低热值煤气中的水煤气是水蒸气通过炽热的焦炭而生成的气体，其主要成分是一氧化碳、氢气。水煤气的燃烧速度非常快，是汽油的7倍左右，但它的制取成本高、设备复杂。

中热值煤气中的焦炉煤气是指用几种烟煤配成炼焦用煤，在炼焦炉中经高温干馏后，在产出焦炭和焦油产品的同时所得到的可燃气体，是炼焦产品的副产品。主要用作燃料和化工原料。焦炉煤气主要由氢气和甲烷构成，并含有少量的一氧化碳、二氧化碳、氮气、氧气及其他烃类气体。

石油在提炼汽油、煤油、柴油、重油等油品过程中会产生一种石油尾气，然后通过一定程序，对石油尾气加以回收利用，采取加压的措施，使其变成液体，装在受压容器内，液化石油气的名称即由此而来。液化石油气的主要成分有乙烯、乙烷、丙烯、丙烷及丁烷等，在气瓶内呈液态状，一旦流出会气化成比原体积大约250倍的可燃气体，并且极易扩散，遇到明火就会燃烧或爆炸。因此，使用液化石油气时，要特别注意安全。

在日常生活中，人们所用的天然气是指储存于地层较深部的一种富含碳氢化合物的可燃气体。其中，与石油共生的天然气常称为油田伴生气。天然气由亿万年前的有机物质转化而来，主要成分是甲烷。此外，根据不同的地质形成条件，会含有不同量的乙烷、丙烷、丁烷、戊烷、己烷等低碳烷烃以及二氧化碳、氮气、氢气、硫化物等非烃类物质，有的天然气中还含有氦气。

目前，随着人们对环境的要求越来越高，天然气被广泛用作城市燃气和工业燃料。

科学小链接

煤不完全燃烧时所产生气体的主要成分是一氧化碳，无色无臭，有毒，被人和动物吸入后会与血液中的血红蛋白结合，从而使人和动物中毒。家庭使用煤气的时候，用完一定要关煤气阀，切不可只关闭煤气灶上的开关。

蛋白质是什么东西

早晨，妈妈让奇奇喝完豆浆再去上学。

奇奇说："我不想喝了，快喝饱了。"

妈妈说："赶紧喝完，豆浆含有丰富的蛋白质，对你的身体很有好处。"

奇奇问："蛋白质是什么东西啊？"

蛋白质是生命的物质基础，是与生命活动紧密联系在一起的物质。人类肌体中的每一个细胞和所有重要组成部分都有蛋白质的参与。蛋白质占人体重量的16.3%，即一个100斤重的成年人，其体内就有16.3斤的蛋白质。人体内蛋白质的种类很多，性质、功能各异，但都是由20多种氨基酸按不同比例组合而成的，并在体内不断进行代谢与更新。

蛋白质是一种非常复杂的有机化合物。它的化学成分主要包括碳、氢、氧、氮四种元素，微量的元素有硫、磷及铁。食物中含蛋白质最多的是肉类、鱼、乳类、蛋类、豆类以及各种坚果等。

蛋白质是由多种氨基酸分子构成的。每一个蛋白质分子中，含有数百至数千的氨基酸分子。由于各种氨基酸的数目及排列的次序不同，因此蛋白质的种类也非常多。

根据蛋白质的化学组成成分，可以分为简单蛋白质、结合蛋白质及衍生蛋

白质三类。结合蛋白质指简单蛋白质与其他非蛋白质有机物相结合的生成物，而衍生蛋白质则是由蛋白质经变性作用而得到的。

蛋白质在人类的生命中是最重要的物质。人类的肌肉、神经、骨骼、血液、淋巴液、皮肤、毛发和指甲中都含有它。如果身体缺乏蛋白质，各组织就不能够正常地生长，而各组织遭到破坏后，修补复原是非常困难的。很多营养不良的人，在短期内难以恢复，就是因为这个原因。

如果根据蛋白质的营养价值作为标准，它可分为以下三类。

（1）完全蛋白质。不仅能够维持动物的生命，也能供给动物生长，如乳类、蛋类及肉类中所含的蛋白质，就属于这一类。

（2）半完全蛋白质。它能维持动物的生命，但不能够供给生长，如大麦、小麦中所含的蛋白质。

（3）不完全蛋白质。如果没有其他食物养料的辅助，这类蛋白质既不能够维持动物的生命，也不能够供给动物生长，如玉米中所含的玉米胶就属于这一类。

人类食物中的蛋白质大都属于半完全蛋白质。这类蛋白质之所以能够维持人类的身体健康，是因为人类摄入的蛋白质不止一种，各种不同的蛋白质可以起互补作用。如果某种蛋白质中所缺的氨基酸，在另一种蛋白质中却有很多，它们就可以互相取长补短，变成完全蛋白质。比如，鸡肉所含蛋白质的营养价值并不太高，但只要与面粉一同吃的话，这两种蛋白质互补后的营养价值就提高了。

一般来说，同类食物中蛋白质的互补作用不大，如壳类食物可以用肉类食物或豆类食物来补缺，但不能用其他壳类食物来补缺。

科学小链接

为了使身体能够健康成长，就要做到不挑食、不偏食，只有这样才
不会导致某种营养缺乏，也才不会导致某种营养在体内过剩。

彩色照片中的奥秘

奇奇和妈妈在看家里的照片。

奇奇问："妈妈，怎么有的照片是彩色的，而有的却是黑白的呢？"

妈妈说："这些都得益于照相技术的不断发展。"

奇奇继续问："那彩色照片是怎么回事啊？"

彩色照相技术直到20世纪40年代才出现，至今已经成为人们生活中不可
缺少的一部分。从按下照相机快门到最终得到一张色彩鲜艳、影像逼真以及具
有艺术美感的彩色相片，这中间涉及许多奥秘。其实，这些奥秘都属于化学反
应，甚至可以毫不夸张地说，彩色成像实际上就是一个一直在发生化学反应的
变化过程。

要想得到彩色照片，首先需要有彩色的胶片和相纸，这些主要由片基或纸
基、感光乳剂层以及辅助涂层组成，且具有多层结构。片基是指感光胶片的支
持体，是一种具有透明、柔软特性和一定机械强度的塑料薄膜，它的特性构成
了胶片的主要物理性能。

感光乳剂是指由卤化银、明胶以及光学增感材料等组成的。按感色性不同分为感蓝层、感绿层及感红层。

彩色胶卷上层感光乳剂通过银离子本身对蓝光的敏感性来感受蓝光，故称为感蓝层；中层感光乳剂中银离子晶体表面涂有绿色光谱增感染料，能使银离子感受绿光，故称为感绿层；下层感光乳剂中加入了红色光谱增感染料，能使银离子感受红光，故称为感红层。由于感绿层和感红层的银离子也能感受蓝光，因此要在感蓝层下面涂一黄色滤光层来滤掉蓝光。

由于光的特殊性质，常将感蓝层放在下层，这主要是相纸感光光源所含的蓝色光远比日光少的缘故。在光学中，有一个著名的三原色理论，即人类视觉所见的色彩通常是由红、绿、蓝三种基本颜色配置而成。

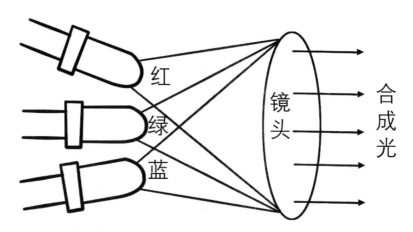

根据三原色理论，所有的景物的颜色是由红、绿、蓝三原色构成，其他颜色则是它们的复合色。在拍照时，通过照相机将景物的颜色按照红、绿、蓝三原色的强弱分别记录在胶片的感红乳剂层、感绿乳剂层及感蓝乳剂层上，经过冲洗后得到一个像，这个像与原景物的颜色为互补色，如原景物的颜色为蓝、绿、红，那么底片则分别是黄、红、蓝。将底片的像放大到相纸上，相纸的感光乳剂层再分别将底片负像的色光加以记录，经冲洗后得到与原景物一致的彩色正像。这样，一张彩色照片就形成了。

科学小链接

照相机的闪光灯在闪光时，对人眼会造成短时的"盲点"，即人眼部底层视觉细胞和视觉神经的暂时性损伤。一般这种损伤经过一、两分钟就可恢复，不会造成太大的不良后果。但是，如果闪光的强度大或时间长，那么损伤的程度就会增加，严重时甚至可能造成不可恢复性的损伤。

这就要求在照相的时候，尽量避免长时间拍照，以免相机的闪光灯对视力造成损害。

臭氧是臭的吗

爸爸和妈妈在商量购买什么样的空调。

妈妈想买便宜一点的空调，爸爸出于保护臭氧的目的，主张选择使用无氟利昂制冷的空调。最后，妈妈做出了妥协。

奇奇不解地问："爸爸，什么是臭氧啊？"

爸爸回答说："臭氧是氧的同素异形体。"（同素异形体指相同元素组成的不同形态的单质）

奇奇接着问："臭氧是臭的吗？"

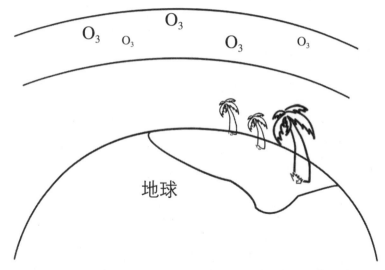

地球

爸爸回答说："是臭的。"

臭氧的化学式为O_3，在自然环境中，一般为淡蓝色气体，且有刺激性腥臭味。臭氧极不稳定，容易分解成氧气。

1840年，德国化学家舍拜恩博士在电解稀硫酸时，发现一种有特殊臭味的气体释放，并且与闪电后产生的气味相似，故将其命名为臭氧。

自然界中的臭氧，分布在距地面20~50千米的大气中，故人们称之为臭氧层。

太阳光中的紫外线分为长波和短波两种。当大气中的氧分子受到短波紫外线照射时，它会分解成原子状态。氧原子极不稳定，极易与其他物质发生反应。比如，与氢反应生成水，与碳反应生成二氧化碳；同样，与氧分子反应，就生成了臭氧。

臭氧形成后，由于其密度大于氧气，因此会逐渐向臭氧层的底层降落。在降落过程中，随着温度的变化，臭氧的不稳定性越来越明显，受到长波紫外线的照射后，再度还原为氧气。臭氧层就是保持了这种氧气与臭氧相互转换的动态平衡。

除此之外，自然界中的闪电也会产生臭氧，只是这些臭氧分布于地球的表面。因此，雷雨过后，人们会闻到一种淡淡的腥味，这就是臭氧的气味。

大气中的臭氧层主要有以下三个方面的作用。

（1）臭氧层可以阻挡太阳的紫外线，保护地球上的人类和动植物免遭短波紫外线的伤害。

（2）臭氧在吸收太阳光中紫外线的同时，可以将其转换为热能，进而增加大气中的热量。正因如此，大气中的平流层才得以存在。

（3）在对流层上部和平流层底部，即在气温很低的这一部分中，臭氧的作用同样非常重要。如果这一高度的臭氧减少，则会使地面气温下降。因此，臭氧的高度分布及变化是极其重要的。

臭氧层非常重要，需要全人类来保护。

科学小链接

　　由于臭氧是一种强氧化剂，所以我们可以用臭氧消毒水来清洗瓜果蔬菜以达到去除农药残留、消毒杀菌的作用。

参考文献

[1] 左卷健男. 轻松解读科学奥秘：化学超入门[M]. 刘秀丽，译. 北京：世界图书出版公司，2005.

[2] 刘宗寅，吕志清. 不知道的世界：化学篇[M]. 北京：中国少年儿童出版社，2009.